软件工程专业职教师资培养系列教材

Java 语言实用案例教程

常玉慧 王秀梅 主编

U0334228

科学出版社

北 京

内 容 简 介

Java 具有面向对象、与平台无关、安全、稳定和多线程等特点，是目前最流行的程序设计语言之一。本书共分为 11 章，根据 Java 知识的系统性，以程序设计的基本概念为起点，由浅入深、循序渐进地介绍 Java 语言的基本概念、方法和应用。内容包括 Java 语言基础、程序流程控制语句、数组和字符串、类与对象继承与多态、异常与内部类、输入输出和文件操作、图形用户界面设计、多线程以及本书配套的实验。每章均由引例导出知识点，将示例与案例相结合，帮助学生理解知识，指导学生应用知识，学以致用。

本书内容丰富，案例有趣实用，知识讲解系统，在指导学生学习 Java 知识的同时又培养了学生如何传授知识的能力，可作为高等职教师资软件工程本科专业的教材和高等学校计算机类和相关专业的教材。

图书在版编目（CIP）数据

Java 语言实用案例教程 / 常玉慧，王秀梅主编. —北京：科学出版社，2016.10
软件工程专业职教师资培养系列教材
ISBN 978-7-03-049738-3

Ⅰ. ①J⋯ Ⅱ. ①常⋯ ②王⋯ Ⅲ. ①Java 语言－师资培养－教材
Ⅳ. ①TP312.8

中国版本图书馆 CIP 数据核字（2016）第 200299 号

责任编辑：邹 杰 / 责任校对：桂伟利
责任印制：张 伟 / 封面设计：迷底书装

科 学 出 版 社出版
北京东黄城根北街 16 号
邮政编码：100717
http://www.sciencep.com

北京京华虎彩印刷有限公司 印刷
科学出版社发行 各地新华书店经销
*
2016 年 10 月第 一 版 开本：787×1092 1/16
2017 年 3 月第二次印刷 印张：15 1/2
字数：387 000
定价：48.00 元
（如有印装质量问题，我社负责调换）

《教育部财政部职业院校教师素质提高计划成果系列丛书》

《软件工程专业职教师资培养系列教材》

项目牵头单位：江苏理工学院

项目负责人：叶飞跃

项目专家指导委员会

主　　任：刘来泉

副主任：王宪成　郭春鸣

成　　员：（按姓氏笔画排列）

习哲军　王继平　王乐夫　邓泽民　石伟平　卢双盈　汤生玲

米　靖　刘正安　刘君义　孟庆国　沈　希　李仲阳　李栋学

李梦卿　吴全全　张元利　张建荣　周泽扬　姜大源　郭杰忠

夏金星　徐　流　徐　朔　曹　晔　崔世钢　韩亚兰

丛 书 序

《国家中长期教育改革和发展规划纲要（2010—2020 年）》颁布实施以来，我国职业教育进入到加快构建现代职业教育体系、全面提高技能型人才培养质量的新阶段。加快发展现代职业教育，实现职业教育改革发展新跨越，对职业学校"双师型"教师队伍建设提出了更高的要求。为此，教育部明确提出，要以推动教师专业化为引领，以加强"双师型"教师队伍建设为重点，以创新制度和机制为动力，以完善培养培训体系为保障，以实施素质提高计划为抓手，统筹规划，突出重点，改革创新，狠抓落实，切实提升职业院校教师队伍整体素质和建设水平，加快建成一支师德高尚、素质优良、技艺精湛、结构合理、专兼结合的高素质专业化的"双师型"教师队伍，为建设具有中国特色、世界水平的现代职业教育体系提供强有力的师资保障。

目前，我国共有 60 余所高校正在开展职教师资培养，但由于教师培养标准的缺失和培养课程资源的匮乏，制约了"双师型"教师培养质量的提高。为完善教师培养标准和课程体系，教育部、财政部在"职业院校教师素质提高计划"框架内专门设置了职教师资培养资源开发项目，中央财政划拨 1.5 亿元，系统开发用于本科专业职教师资培养标准、培养方案、核心课程和特色教材等系列资源。其中，包括 88 个专业项目、12 个资格考试制度开发等公共项目。该项目由 42 家开设职业技术师范专业的高等学校牵头，组织近千家科研院所、职业学校、行业企业共同研发，一大批专家学者、优秀校长、一线教师、企业工程技术人员参与其中。

经过三年的努力，培养资源开发项目取得了丰硕成果：一是开发了中等职业学校 88 个专业（类）职教师资本科培养资源项目，内容包括专业教师标准、专业教师培养标准、评价方案，以及一系列专业课程大纲、主干课程教材及数字化资源；二是取得了 6 项公共基础研究成果，内容包括职教师资培养模式、国际职教师资培养、教育理论课程、质量保障体系、教学资源中心建设和学习平台开发等；三是完成了 18 个专业大类职教师资资格标准及认证考试标准开发。上述成果，共计 800 多本正式出版物。总体来说，培养资源开发项目实现了高效益：形成了一大批资源，填补了相关标准和资源的空白；凝聚了一支研发队伍，强化了教师培养的"校-企-校"协同；引领了一批高校的教学改革，带动了"双师型"教师的专业化培养。职教师资培养资源开发项目是支撑专业化培养的一项系统化、基础性工程，是加强职教教师培养培训一体化建设的关键环节，也是对职教师资培养培训基地教师专业化培养实践、教师教育研究能力的系统检阅。

自 2013 年项目立项开题以来，各项目承担单位、项目负责人及全体开发人员做了大量深入细致的工作，结合职教教师培养实践，研发出很多填补空白、体现科学性和前瞻性的成果，有力推进了"双师型"教师专门化培养向更深层次发展。同时，专家指导委员会的各位专家以及项目管理办公室的各位同志，克服了许多困难，按照两部对项目开发工作的总体要求，为实施项目管理、研发、检查等投入了大量时间和心血，也为各个项目提供了专业的咨询和指导，有力地保障了项目实施和质量成果。在此，我们一并表示衷心的感谢。

编写委员会

2016 年 3 月

前　　言

　　Java 语言是目前面向对象编程最流行的计算机语言之一，由于该语言具有学会后就业面广、职业薪酬高等特点，已经成为了软件工程专业的一门必修课。随着 IT 产业的迅猛发展，企业对应用型人才的需求越来越大。为了培养学生的实践动手能力，无缝地打造软件开发与应用人才，本书作为教育部软件工程本科专业职教师资培养资源开发项目的特色教材，在编写过程中将理论与实践紧密结合，以知识为线索设计案例，围绕案例讲解知识，教材组织方式新颖，案例丰富。本书以培养职教师资掌握 Java 面向对象编程的基本能力为主旨，结合作者长期从事 Java 教学与"3+1"实训的经验，并汲取了其他同类教材的精华，力求体现"理论通俗易懂，实践跟上潮流"，培养职教师资独立分析问题和解决问题的能力，真正满足培养计算机应用型人才和软件工程职教师资的需要。

　　作者根据学生的认知规律，以独有的章节安排与知识体系设计，以及基于工作任务的教学理念，循序渐进地展开教学内容。本书通过任务分析→知识点的讲解→知识点的运用→实际问题的解决，一步一步地引导学生掌握 Java 开发的知识体系结构，能够使学生牢固建立起面向对象的编程理念，为他们进一步学习后续知识打下坚实的基础。

　　本书几乎每一章都由引例、理论讲解、任务编程实现、综合案例(从第 4 章之后引入)、小结、课后习题和实验这 7 个模块组成。通过引例描述使学生在明确工作任务后更深入地了解相关知识点，对每个知识点不但能告诉学生怎么做，而且还要告诉学生为何这样做，重点强调"应用"，简化传统理论，以完成任务为导向，强调基本知识和实用技能的融合，通过综合案例培养职教师资将理论知识转化为实际开发的能力，最后通过实验实训进一步提高学生分析问题和解决问题的能力。本书共分 11 章，其中第 1～4 章介绍程序设计基础；第 5～8 章介绍面向对象程序设计；第 9 章介绍界面设计和事件处理；第 10 章介绍多线程，第 11 章是针对每章内容的配套实验。本书理论和实践部分由常玉慧、王秀梅共同编写。

　　由于编者水平所限，书中难免存在不足之处，敬请广大读者指正。编者的 E-mail:
cyh@jsut.edu.cn。

编　者

2015 年 10 月

目　　录

第 1 章 Java 程序设计概述

【知识要点】

➤ Java 语言的发展历史
➤ Java 语言的特点
➤ Java 语言的开发环境和开发工具
➤ Java 程序的开发过程

9 月 3 日，顶着夏季还没有退去的燥热，大学新生逸凡怀着激动的心情来到××大学报到。进入报名处，逸凡看到许多胸前挂着牌子的学哥、学姐，心想他们应该就是学生会的成员了，看着他们热情洋溢的笑容和自信的表现，逸凡十分羡慕。班主任和学哥、学姐热情地接待了他，按照报道须知，逸凡很顺利地完成了以下几个任务：拿缴费发票、领校园卡、登记住宿。新生开学报到结束。

1.1 引例——开学报到

【引例】 编写第一个 Java 程序。

【案例描述】 用 Java 语言描述逸凡大学报到的过程，即在控制台输出逸凡缴费、领卡、登记住宿等一系列活动的过程。

【案例分析】 上述这个任务其实直接在终端输出打印一系列信息就可以了。但是要使用 Java 语言来完成这个任务，就必须要先知道 Java 的开发工具是什么，熟悉 Java 的开发流程和开发环境，掌握 Java 程序的执行过程。

通过对本章的学习，熟悉 Java 的开发工具和开发环境，了解 Java 的执行过程，就可以完成上述案例，初步认识 Java 了。现在就让我们走进 Java 的编程世界吧。

1.2 Java 概述

1.2.1 Java 简介

由 Sun 公司所研发出来的 Java 是在应用网络上的新一代程序语言。Java 的前身本来是用来设计消费性电子产品的，在 20 世纪 90 年代初，Sun 公司有一个叫 Green 的项目，目的是为家用消费电子产品开发一个分布式代码系统，这样就可以对家用电器进行控制，和它们进行信息交流。詹姆斯·高斯林（James Gosling）等人基于 C++开发一种新的语言 Oak（Java 的前身）。Oak 是一种用于网络的精巧而安全的语言，Sun 公司曾以此投标一个交互式电视项目，但结果是被 SGI 打败，所以 Sun 打算抛弃 Oak。随着互联网的发展，Sun

看到了 Oak 在计算机网络上的广阔应用前景，于是改造 Oak，在 1995 年 5 月以 Java 的名称正式发布，从此 Java 走上繁荣之路。提到 Java 历史，当然不得不提的一个故事就是 Java 的命名。开始 Oak 的命名是以项目小组办公室外的树而得名，但是 Oak 商标被其他公司注册了，必须另外取一个名字。传说有一天，几位 Java 成员组的会员正在讨论给这个新的语言取什么名字，当时他们正在咖啡馆喝着 Java(爪哇)咖啡，有一个人灵机一动说就叫 Java 怎样，这个提议得到了其他人的赞同，于是，Java 这个名字就这样叫开了。所以这也就是为什么 HOT JAVA 的图标是一个正冒着热气的可爱咖啡杯的由来了。

现在，Java 已经成为开发和部署企业应用程序的首选语言，它有 3 个独立的版本。

1. Java SE(J2SE)

J2SE 是 Java 语言的标准版本，包含 Java 基础类库和语法。它用于开发具有丰富的 GUI(图形用户界面)、复杂逻辑和高性能的桌面应用程序。这个版本是个基础，它也是我们平常开发和使用最多的技术，Java 的主要的技术将在这个版本中体现。本书主要讲的就是 Java SE。

2. Java EE(J2EE)

J2EE 用于编写企业级应用程序。它是一个标准的多层体系结构，可以将企业级应用程序划分为客户层、表示层、业务层和数据层，主要用于开发和部署分布式、基于组件、安全可靠、可伸缩和易于管理的企业级应用程序。

3. Java ME(J2ME)

J2ME 主要用于开发具有优先的连接、内存和用户界面能力的设备应用程序。例如移动电话、PDA、能够介入电缆服务的机顶盒或者各种终端和其他消费电子产品。

J2EE 几乎完全包含 J2SE 的功能，然后在 J2SE 的基础上添加了很多新的功能。J2ME 是 J2SE 的主要功能子集，然后再加上一部分额外添加的功能。

1.2.2　Java 的发展历史

Java 于 1995 年诞生，至今已经 20 年的历史。

1996 年 1 月，第一个 JDK-JDK1.0 版本诞生。

1998 年 12 月 8 日，Java2 企业平台 J2EE 发布。

1999 年 6 月，Sun 公司发布了 Java 的 3 个版本：标准版(J2SE)、企业版(J2EE)和微型版(J2ME)。

2000 年 5 月 8 日 JDK1.3 发布,2000 年 5 月 29 日 JDK1.4 发布,2001 年 9 月 24 日 J2EE1.3 发布。

2002 年 2 月 26 日 J2SE1.4 发布，自此 Java 的计算能力有了大幅提升。

2004 年 9 月 30 日 18 点，J2SE1.5 发布，它成为 Java 语言发展史上的又一里程碑。为了表示该版本的重要性，J2SE1.5 更名为 Java SE 5.0。

2005 年 6 月，JavaOne 大会召开，Sun 公司公开了 Java SE 6。此时，Java 的各种版本已经更名，取消其中的数字"2"：J2EE 更名为 Java EE，J2SE 更名为 Java SE，J2ME 更名为 Java ME。

2006 年 12 月，Sun 公司发布 JRE6.0。

2010 年 9 月，JDK7.0 发布，增加了简单闭包功能。

1.3　Java 语言的特点

Java 到底是一种什么样的语言呢？我们为什么要学习 Java 呢？Java 为何这么吸引人们的关注呢？看完了下面 Java 的几个特点我们就有答案了。

1. 应用广泛

Java 是目前使用最为广泛的网络编程语言之一。它具有简单、面向对象、稳定、与平台无关、解释型、多线程、动态等特点。

2. 简单

Java 语言简单是指这门语言既易学又好用。不要将简单误解为这门语言很干瘪。你可能很赞同这样的观点：英语要比阿拉伯语言容易学。但这并不意味着英语就不能表达丰富的内容和深刻的思想，许多文学诺贝尔奖的作品都是英文写的。如果你学习过 C++语言，你会感觉 Java 很眼熟，因为 Java 中许多基本语句的语法和 C++一样，像常用的循环语句、控制语句等和 C++几乎一样。但不要误解为 Java 是 C++的增强版，Java 和 C++是两种完全不同的语言，它们各有各的优势，将会长期并存下去，Java 语言和 C++语言已成为软件开发者应当掌握的语言。如果从语言的简单性方面看，Java 要比 C++简单，C++中许多容易混淆的概念，或者被 Java 弃之不用了，或者以一种更清楚更容易理解的方式实现，例如，Java 中不再有指针的概念。

3. 面向对象

基于对象的编程更符合人的思维模式，使人们更容易编写程序。在实际生活中，我们每时每刻都在与对象打交道。我们用的钢笔，骑的自行车，乘坐的公共汽车等。而我们经常见到的卡车、公共汽车、轿车等都会涉及以下几个重要的物理量：可乘载的人数，运行速度，发动机的功率、耗油量、自重、轮子数目等。另外，还有几个重要的功能：加速功能，减速功能，刹车，转弯功能等。我们也可以把这些功能称作它们具有的方法，而物理量是它们的状态描述。仅仅用物理量或功能还不能很好地描述它们。在现实生活中，我们用这些共有的属性和功能给出一个概念——机动车类。一个具体的轿车就是机动车类的一个实例对象。Java 语言与其他面向对象语言一样，引入了类的概念，类是用来创建对象的模板，它包含被创建的对象的状态描述和方法的定义。

4. 与平台无关

与平台无关是 Java 语言最大的优势。其他语言编写的程序面临的一个主要问题是操作系统的变化，处理器升级以及核心系统资源的变化，都可能导致程序出现错误或无法运行。Java 的虚拟机成功地解决了这个问题，Java 编写的程序可以在任何安装了 Java 虚拟机 JVM 的计算机上正确运行，Sun 公司实现了自己的目标："一次写成，处处运行"。

5. 解释型

我们知道，C、C++等语言都是只能对特定的 CPU 芯片进行编译、生成机器代码，该代码的运行就和特定的 CPU 有关。例如，在 C 语言中，我们都碰到过类似下面的问题：int 型变量的值是 10，那么下面代码的输出结果是什么呢？

```
printf("%d, %d", x, x=x+1)
```

如果上述语句的计算顺序是从左到右的，结果是：10，11。但是，有些机器会从右到左计算，那么结果就是：11，11。Java 不像 C++，它不针对特定的 CPU 芯片进行编译，而是把程序编译为称作字节码的一个"中间代码"。字节码是很接近机器码的文件，可以在提供了 Java 虚拟机 JVM 的任何系统上被解释执行。Java 被设计成为解释执行的程序，即翻译一句，执行一句，不产生整个的机器代码程序。翻译过程如果不出现错误，就一直进行到完，否则将在错误处停止执行。同一个程序，如果是解释执行的，那么它的运行速度通常比编译为可执行的机器代码的运行速度慢一些。但是，对 Java 来说，二者的差别不太大，Java 的字节码经过仔细设计，很容易便能使用 JIT 即时编译方式、编译技术将字节码直接转化成高性能的本地机器码，Sun 公司在 Java 2 发行版中提供了这样一个字节码编译器——JIT（Just In Time），它是 Java 虚拟机的一部分。Java 运行系统在提供 JIT 的同时仍具有平台独立性，因而"高效且跨平台"对 Java 来说不再矛盾。如果把 Java 的程序比做"汉语"的话，字节码就相当于"世界语"，世界语不和具体的"国家"关，只要这个"国家"提供了"翻译"，就可以快速地把世界语翻译成本地语言。

6. 多线程

Java 的特点之一就是内置对多线程的支持。多线程允许同时完成多个任务。实际上多线程使人产生多个任务在同时执行的错觉，因为，目前的计算机的处理器在同一时刻只能执行一个线程，但处理器可以在不同的线程之间快速地切换，由于处理器速度非常快，远远超过了人接收信息的速度，所以给人的感觉好像多个任务在同时执行。C++没有内置的多线程机制，因此必须调用操作系统的多线程功能来进行多线程程序的设计。

7. 安全

当你准备从网络上下载一个程序时，你最大的担心是程序中含有恶意的代码，比如它会试图读取或删除本地机上的一些重要文件，甚至该程序是一个病毒程序等。当你使用支持 Java 的浏览器时，你可以放心地运行 Java 的小应用程序 Java Applet，而不必担心病毒的感染和恶意的企图，Java 小应用程序将限制在 Java 运行环境中，不允许它访问计算机的其他部分。

8. 动态

Java 程序的基本组成单元就是类，有些类是自己编写的，有一些是从类库中引入的，而类又是运行时动态装载的，这就使得 Java 可以在分布环境中动态地维护程序及类库，而不像 C++那样，每当其类库升级之后，相应的程序都必须重新修改、编译。

所以说，Java 是一种简单的面向对象的、分布式的、解释的、健壮的、安全的、结构中立的、可移植的、性能很优异的多线程动态语言。

1.4　Java 的开发和执行环境

　　JDK 是 Sun 公司提供的基础 Java 语言开发工具软件包，其中包含 Java 语言的编译工具、运行工具以及类库。Sun 公司是 Java 的开创者，它的开发工具和运行环境都是免费的。Sun 公司 JDK 的最新版本为 JDK7.0，下面详细介绍 JDK7.0 的下载、安装和配置过程。

1.4.1　下载 JDK

　　(1) 在 Oracle 公司首页 http://oracle.com/ 找到页面上的 Downloads 菜单，如图 1-1 所示。在弹出的快捷菜单中选择"Java for Developments"选项。

图 1-1　JDK 下载页面

　　(2) 在弹出的页面上单击"Java Platform（JDK）7u51"按钮，如图 1-2 所示。
　　(3) 选择"Accept License Agreement"，下载对应的 JDK 即可，如图 1-3 所示。

1.4.2　JDK 的安装

　　下面介绍在 Windows 操作系统下安装 JDK 的方法。
　　(1) 下载对应的安装包，例如 jdk-7u7-windows-i586.exe。下载完成后双击，出现如图 1-4 所示界面。
　　(2) 更改安装路径，选择安装组件，将路径更改为 D:\jdk1.7.0_07\，如图 1-5 所示。
　　(3) 选择"下一步"，直至安装完成。

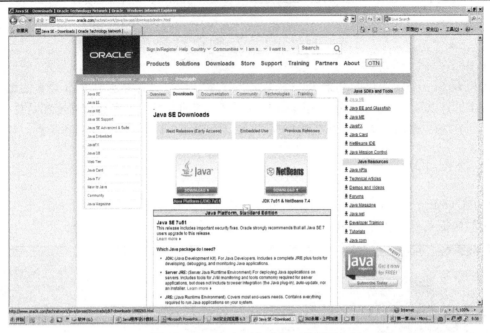

图 1-2　Java 运行平台选择下载页面

Java SE Development Kit 7u51

You must accept the Oracle Binary Code License Agreement for Java SE to download this software.

Accept License Agreement　Decline License Agreement

Product / File Description	File Size	Download
Linux ARM v6/v7 Hard Float ABI	67.7 MB	jdk-7u51-linux-arm-vfp-hflt.tar.gz
Linux ARM v6/v7 Soft Float ABI	67.68 MB	jdk-7u51-linux-arm-vfp-sflt.tar.gz
Linux x86	115.65 MB	jdk-7u51-linux-i586.rpm
Linux x86	132.98 MB	jdk-7u51-linux-i586.tar.gz
Linux x64	116.96 MB	jdk-7u51-linux-x64.rpm
Linux x64	131.8 MB	jdk-7u51-linux-x64.tar.gz
Mac OS X x64	179.49 MB	jdk-7u51-macosx-x64.dmg
Solaris x86 (SVR4 package)	140.02 MB	jdk-7u51-solaris-i586.tar.Z
Solaris x86	95.13 MB	jdk-7u51-solaris-i586.tar.gz
Solaris x64 (SVR4 package)	24.53 MB	jdk-7u51-solaris-x64.tar.Z
Solaris x64	16.28 MB	jdk-7u51-solaris-x64.tar.gz
Solaris SPARC (SVR4 package)	139.39 MB	jdk-7u51-solaris-sparc.tar.Z
Solaris SPARC	98.19 MB	jdk-7u51-solaris-sparc.tar.gz
Solaris SPARC 64-bit (SVR4 package)	23.94 MB	jdk-7u51-solaris-sparcv9.tar.Z
Solaris SPARC 64-bit	18.33 MB	jdk-7u51-solaris-sparcv9.tar.gz
Windows x86	123.64 MB	jdk-7u51-windows-i586.exe
Windows x64	125.46 MB	jdk-7u51-windows-x64.exe

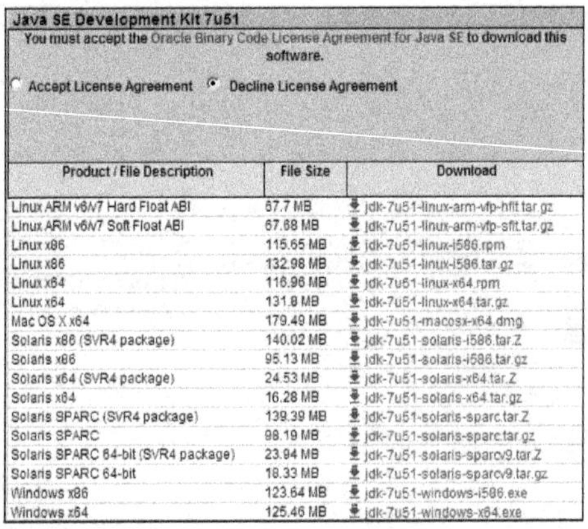

图 1-3　JDK 文件下载页面

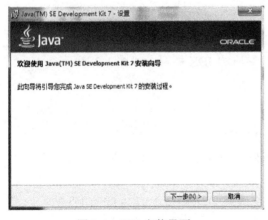

图 1-4　JDK 安装界面

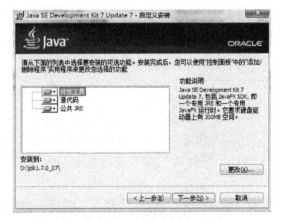

图 1-5　JDK 安装界面

1.4.3　配置 Java 的运行环境

JDK 安装完成后，还需要进行 Java 运行环境的配置。配置的主要工作是设置操作系统的 Path 和 Classpath 这两个环境变量，也就是要把 JDK 中的命令程序路径和 Java 的标准类库加入系统的环境变量中。下面介绍如何在 Windows 下设置 JDK 相关的环境变量。

(1) 右击"我的电脑"图标，选择"属性"，弹出"系统属性"窗口，单击"高级"选项卡，如图 1-6 所示。

(2) 新建一项系统变量"JAVA_HOME"，变量值为 JDK 的安装路径，单击"确定"按钮，如图 1-7 所示。

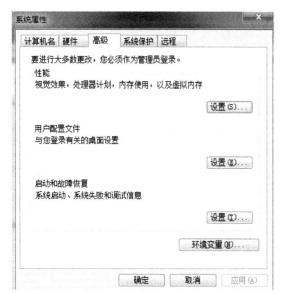

图 1-6　系统属性的"高级"选项卡窗口　　　　图 1-7　设置 JAVA_HOME 系统变量

(3) 配置用户变量，双击 Path，在变量值的最前端添加"%JAVA_HOME%\bin;"，然后单击"确定"按钮，如图 1-8 所示。

图 1-8　编辑系统变量 Path 对话框图

（4）CLASSPATH 的设置与 Path 类似。在系统变量区单击"新建"按钮，在打开的"编辑系统变量"对话框的"变量名"中输入 CLASSPATH，在"变量值"文本框中输入" .;%JAVA_HOME%\lib\dt.jar; %JAVA_HOME%\lib\tools.jar;"。注意，这里不可缺少最前面的"."，这表示程序在引用类的时候会优先在当前目录中查找，然后再在%JAVA_HOME%\bin 路径下找。最后单击"确定"按钮，如图 1-9 所示。

图 1-9　新建系统变量 Classpath 界面图

完成所有的变量设置后，重新启动后，设置的环境变量即生效。至此，完成了 Java 运行环境的设置。

1.5　用命令行方式描述引例程序的开发过程

Java 如何做到让机器理解我们想要做的东西，用图 1-10 来描述这个过程会比较容易理解。

Java源文件 (* .java) ⟶ Java 编译器 ⟶ 字节码文件 (* .class) ⟶ Java 解释器 ⟶ 运行

图 1-10　Java 程序执行过程

首先编写一个后缀为.java 的源程序，然后通过 Java 的编译器(javac.exe)把源程序编译成后缀为.class 的字节码文件，然后通过 Java 的解释器(java.exe)运行这个程序。

1. 编写代码

编写是指在 Java 开发环境中进行程序代码的输入，最终形成后缀名为.java 的 Java 源文件。

【例 1-1】　用记事本写一个逸凡开学报到的 SchoolRegister.java 小程序。

```
/* SchoolRegister.java */
  public class SchoolRegister{          //一个 Java Application
     public static void main(String args[ ]) {
          System.out.println("开学报到主要完成以下几个任务");
          System.out.println(" 1.拿缴费发票");
          System.out.println(" 2.领校园卡");
          System.out.println(" 3.领钥匙去登记住宿");
     }
  }
```

2. 编译

写完 Java 代码后，机器并不认识我们写的 Java 代码，需要编译成为字节码，编译后的文件叫做 class 文件。使用命令行在控制台调用 JDK 的工具如下输入如下命令：

```
Javac SchoolRegister.java
```

将 SchoolRegister.java 文件编译成 SchoolRegister.class 文件。编译是指使用 Java 编译器对源文件进行错误排查的过程，编译后生成后缀名为.class 的字节码文件。字节码文件是一种与任何具体机器环境及操作系统无关的中间代码，它是一种二进制文件。

3. 运行

运行是指使用 Java 解释器将字节码文件翻译成机器代码，执行并显示结果。解释器是 Java 虚拟机的一部分，在运行 Java 程序时，在命令行输入如下命令：

```
java  SchoolRegister
```

这时 JDK 会启动 JVM，然后由它来负责解释执行 SchoolRegister.class 的字节码文件。

例 1-1 SchoolRegister.java 源程序在命令行的执行过程如图 1-11 所示。

Java 程序可以分为 Java Application（Java 应用程序）和 Java Applet（Java 小应用程序）。其中，Java Application

图 1-11　例 1-1 运行结果

必须通过 Java 解释器来解释执行其字节码文件，Java Applet 必须使用支持它的浏览器运行。本书主要讲述的是 Java Application。

1.6　Java 开发工具 Eclipse

Java 的开发除了使用命令行方式外，也支持集成开发环境。这些开发工具集成了编译器和解释器，方便使用。最具代表性的开发工具是免费开源的 Eclipse 和 NetBeans，前者的功能强大，能胜任各种企业级 Java EE 的开发，本书后面所有的例题都是在此环境下运行调试的。下面就简单介绍如何在 Eclipse 环境下开发运行相关的程序。

1.6.1　Eclipse 简介

Eclipse 最初是 IBM 的一个软件产品，2001 年 11 月，IBM 宣布将其捐给开放源码组织 Eclipse.org。目前 Eclipse 已成为 Java 开发平台中的主流软件。Eclipse 的设计思想是：一切皆为插件。它自身的核心是非常小的，其他所有的功能都以插件的形式附加到该核心上。

Eclipse 中有 3 个最吸引人的地方：一是它创新性的图形 API，即 SWT/JFace，在此之前，AWT/SWING 界面客观地讲不够美观，而且界面响应速度比较慢，而 SWT/JFace 则大大改善了这方面的能力；二是它的插件机制；三是利用它的插件机制开发的众多功能强大的插件。

1. 下载 Eclipse

Eclipse 的官方网站下载地址为：http://www.eclipse.org/downloads/。本书只讲述一般 Java 编程开发，以 Windows 32 Bit 为例，选择下载 Eclipse IDE for Java Developers 版本。下载的文件放在指定的文件夹中，其文件名为 eclipse-java-luna-SR1a- win32.zip。

2. 安装运行

Eclipse 是免安装软件，上述文件解压后放在自定义的文件目录中即可运行。解压后会生成一个 eclipse 文件夹，打开 eclipse 文件夹双击可执行文件 eclipse.exe，如图 1-12 所示为初始化运行界面。这时 workspace 指定为 d:\worksapce。单击"OK 按钮"进入 Eclipse 运行后的开始界面，如图 1-13 所示。关闭 Eclipse 的欢迎界面，进入 Eclipse 的主界面，如图 1-14 所示。

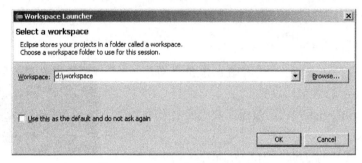

图 1-12　Eclipse 初始化运行界面

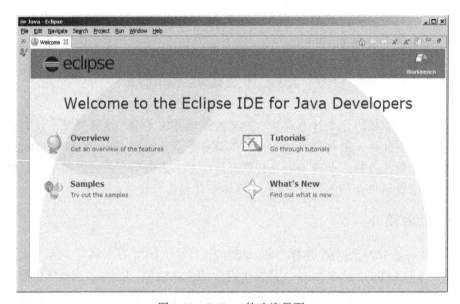

图 1-13　Eclipse 的欢迎界面

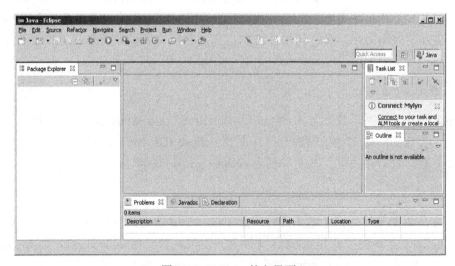

图 1-14　Eclipse 的主界面

1.6.2　使用 Eclipse 开发引例程序

本小节通过例 1-1 实例介绍使用 Eclipse 开发 Java 程序的过程及相关操作细节。

（1）单击 "File" → "New" 命令，弹出相应的子菜单，如图 1-15 所示。

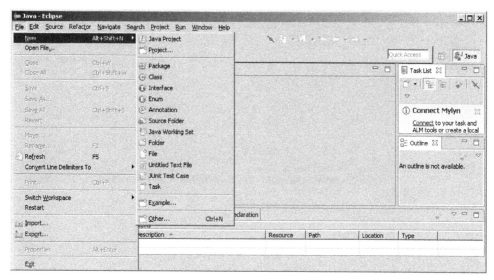

图 1-15　弹出子菜单

（2）从子菜单中选择 "Java Project" 选项，设置工程文件的属性，包括工程名和存放位置，如图 1-16 所示。

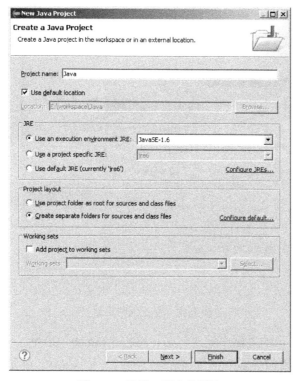

图 1-16　设置工程文件属性

（3）工程创建成功后，可以在开发工具的主界面左侧看到本工程的工程树，如图 1-17 所示。

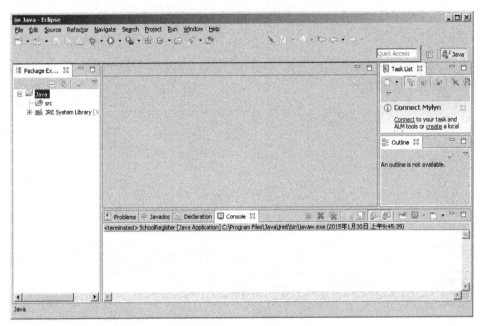

图 1-17　主界面中的工程树

（4）右击工程树的 src，选择"New"→"Package"命令创建包，如图 1-18 所示。

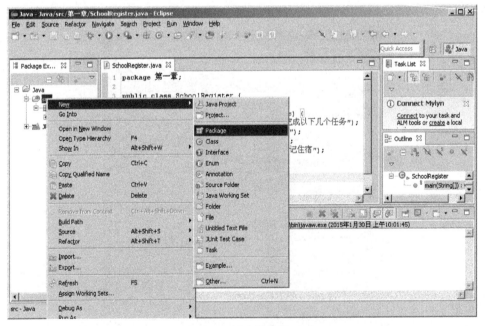

图 1-18　创建包的界面

（5）在如图 1-19 所示的界面中输入包名，单击"Finish"按钮。

（6）右击左侧目录树的"第一章"，选择"New"→"Class"命令，输入要创建的类名 SchoolRegister，设置该类具有哪些方法，如图 1-20 所示。

图 1-19　设置包属性

图 1-20　创建 SchoolRegister 类

(7) 单击图 1-20 中的"Finish"按钮，出现如图 1-21 所示的界面。

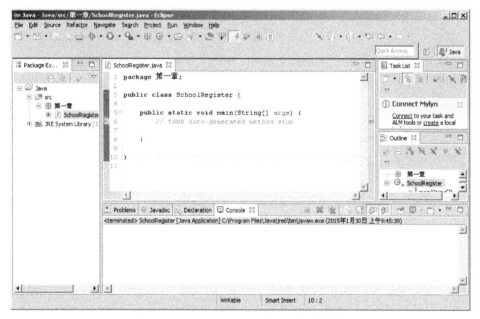

图 1-21　SchoolRegister 类的初始界面图

(8) 在 SchoolRegister 类的正文区编辑该类并进行保存。然后选择菜单"Run"→"Run as"→"Java Application"，运行该类，效果如图 1-22 所示。

通过上述步骤操作，就可以实现使用 Eclipse 对一个 Java 文件从创建到编译运行的过程。由于篇幅有限，这里对该开发工具不赘述，若读者有兴趣，可以参看其他相关的参考资料。

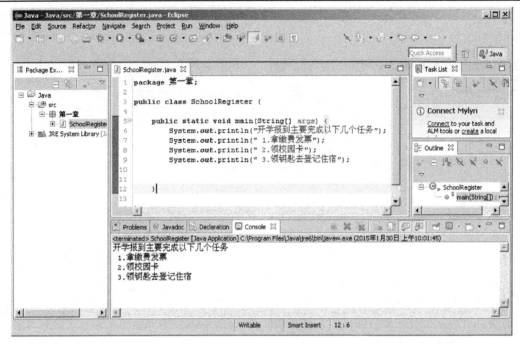

图 1-22　SchoolRegister 类的运行效果图

小　　结

本章简要介绍了 Java 的发展史及其特点，概述了 Java 运行机制和 Java 虚拟机、JDK 的下载和安装、Eclipse 运行环境的配置等。通过一个简单实例介绍如何在命令行的方式下和在 Eclipse 环境下编写和编译运行一个 Java 程序。通过本章学习，读者可以初步掌握 Java 的基本概念和开发方法。

习　　题

1-1　Java 语言有哪些特点？

1-2　简述 Java 的 3 种主要平台，并说明它们各适合开发哪种应用？

1-3　Javac 和 Java 的作用分别是什么？

1-4　编写一个简单的 Java 程序，对自己做自我介绍。

第 2 章　Java 语言基础

【知识要点】

➢ Java 语言的简单程序结构
➢ Java 标识符的定义规则和 Java 的关键字
➢ Java 语言中常量和变量的定义
➢ Java 语言的 8 种基本数据类型及其转换
➢ Java 语言的各种运算符及其优先级
➢ Java 语言表达式的组成

　　新生入学，总免不了要进行自我介绍，互相认识一下。一个响亮的名字，总会让人为之一震。话说韩国电视剧《我叫金三顺》的女主人公金三顺总是偷偷摸摸地去改名字，但总不成功。一次回家打的时，她在出租车上哭泣。司机问："什么事如此伤心？"她说她的名字不好听。司机说："你的名字不会难听得叫'三顺'吧？"听司机这么说，她哭得更伤心了。

　　逸凡非常喜欢自己的名字，所以在第一次班会上他非常大方地介绍了自己叫什么，多大年龄，来自哪里，有什么爱好等。通过这次班会，逸凡也对自己班级的大致情况有了一点了解。

2.1　引例——自我介绍

　　Java 语言是在 C++的基础上发展起来的，它继承了 C 和 C++的语言特性，其基本语法相似。为了解 Java 语言的基本构成，先来看一个例子。

　　【引例】　编程实现逸凡的自我介绍情况并输出。

　　【例 2-1】　上例程序清单如下。

```
package 第二章;
/* SelfIntroduction.java */
import java.io.BufferedReader;      //这里引用了 java.io 包下的 BufferReader 类
import java.io.IOException;         //这里引用了 java.io 包下的 IOException 类
import java.io.InputStreamReader;   //这里引用了 java.io 包下的 InputStreamReader
                                      类
import java.util.Scanner;           //这里引用了 java.util 包下的 Scanner 类
public class SelfIntroduction {
    public static void main(String[] args) throws IOException {
        BufferedReader br = new BufferedReader(new
                          InputStreamReader(System.in));
        Scanner in = new Scanner(System.in);
```

```
        System.out.println("输入你的名字:");
        String str = br.readLine();    //等待从键盘输入一个表示姓名的字符串
        System.out.println("输入你的年龄:");
        int age = in.nextInt();        //等待从键盘输入一个整数
        System.out.println("输入你来自哪里:");
        String str1 = br.readLine();   //等待从键盘输入一个表示地址的字符串
        System.out.println("输入你的爱好:");
        String str2 = br.readLine();   //等待从键盘输入一个表示爱好的字符串
        System.out.println("我叫"+str+",今年"+age+"岁,来自"+str1+",
                            我的爱好是"+str2);
    }
}
```

运行结果如图 2-1 所示。

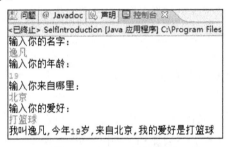

图 2-1　例 2-1 运行结果

【案例描述】　　从标准设备输入逸凡的相关信息并且从控制台打印输出。

【案例分析】　　该引例中包含 Java 最基本的语法,包括导包、注释、标识符、关键字、变量、运算符和表达式。

本章我们将对 Java 的语法进行详细的讲解,包括 Java 的程序结构、标识符和关键字、常量与变量、Java 的基本数据类型、运算符和表达式、注释语句等。

2.2　Java 程序结构

2.2.1　程序头包的引用

Java 开发集(JDK)给出了一套标准的类(称作类库),这些类可执行大部分所需的基本行为,不仅为编程任务(例如,类可提供基本的数学函数、数组和字符串),而且为图形和网络。类库被组织成许多包,每个包都包含几个类。如下所列为一些重要的包:

(1)Java.lang 包含一些形成语言核心的类,如 String、Math、Integer 和 Thread。

(2)Java.awt 包含构成抽象窗口工具包(AWT)的类,这个包被用来构建和管理应用程序的图形用户界面。

(3)Java.applet 包含可执行 applet 特殊行为的类。

(4)Java.net 包含执行与网络相关的操作的类和处理接口及统一资源定位器(URLs)的类。

(5)Java.io 包含处理 I/O 文件的类。

(6)Java.util 包含为任务设置的实用程序类,如随机数发生、定义系统特性,以及使用与日期日历相关的函数。

程序头包的引用主要是指引用 JDK 软件包自带的包,也可以是自己自定义的类。引用之后程序体中就可以自由使用包中的类的属性和方法了。Java 程序通过 import 语句引入相关的包或者类。

在例 2-1 的程序的 main()方法里使用了 BufferedReader 类、IOException、InputStreamReader 和 Scanner 类,因此在程序的开始通过 import 导包语句导入了 JDK 标准类库相关包里的这些类。从此程序可以看出 Java 数据是通过键盘输入的,这里读者可暂时强记语句,相关知识在后续的章节中讲解。由于此程序可能会抛异常,为了简化程序,此处从 main()方法处直接抛出(不建议这样处理),后续介绍异常的情况时再详细介绍。

2.2.2 类的定义

Java 源程序是由类的定义组成的。每个 Java 源程序中可以定义若干个类,类体中又包括属性与方法两部分。每一个 Java 本地应用程序都必须包含一个 main()方法,含有 main()方法的类称之为主类,主类是 Java 程序执行的入口点。

类的定义由类头定义和类体定义两部分组成,类头部分除了定义类名之外,还可以说明类的继承特性。类体部分用来定义属性和方法这两种类的成员,方法类似于其他高级语言中的函数,属性则类似于变量。除属性声明语句之外,其他的语句(执行具体操作)只能存在于方法的大括号之中,而不能写在方法的外面。

【例 2-2】 定义一个 Banji 类。

```java
package 第二章;
public class Banji {
String classname;      //班级类的属性:班级名称 classname
int boys,girls;        //班级类的属性:男生人数 boys 和女生人数 girls
//定义班级类的成员方法,计算班级总人数
int totalStudents(){
    return boys+girls;
}
//定义班级类的构造方法
public Banji(String classname, int boys, int girls) {
    this.classname = classname;
    this.boys = boys;
    this.girls = girls;
}
public static void main(String[] args) {
    Banji  banji=new Banji("软件工程班",20,18);
    System.out.println("逸凡在"+banji.classname);
    System.out.println("共有学生: "+banji.totalStudents());
}
}
```

程序执行结果如图 2-2 所示。

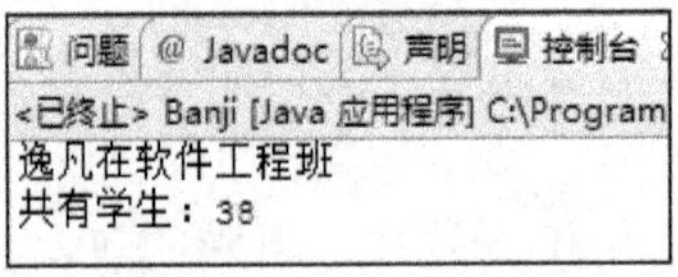

图 2-2　例 2-2 运行结果

注意：一个 Java 源文件中最多只能有一个 public 类，当有一个 public 类时，源文件名必须与之一致，否则无法编译，例如，例 2-2 的文件名必须命名为 Banji.java,否则无法编译。如果源文件中没有一个 public 类，则文件名与类就没有一致性要求了。

2.3　标识符和关键字

2.3.1　标识符

我们需要在程序中给各种元素命名，来标识这些元素，如变量、方法、类等。这个名字就称为标识符，标志符提供程序元素在程序中的唯一名字。

标识符命名需要遵守命名规则，Java 语言采用的基本字符集是 Unicode 字符集，Java 标识符由此字符集中的部分字符组成，其命名规则为：

(1)Java 标识符是一个由字母、数字、下划线(_)或美元符号($)构成的字符序列，而开头的字符必须是字母、下划线或美元符号。

(2)Java 标识符不能与关键字相同(也不能是 true、false 和 null 常量)。

(3)Java 标识符长度没有限制。

(4)Java 标识符区分大小写字母。

其中数字即数字 0~9,但是 Java 的字母并不只是我们通常意义上说的大小写字母 A~Z 和 a~z，Java 字母是 Unicode 字符集中的部分字符，它包括通常意义上的字母，但也包含当前世界上正在使用的其他国家的书写字符，如中、日、韩文字，允许程序员用他们本国的语言文字在程序中进行标识符命名，使程序更具本地化的特点。基于历史的原因，下划线 "_" 和美元符号 "$" 也被允许用于标识符命名，但 "$" 不常用。

Unicode 字符集与另一个常用的 ASCII 字符集兼容，Unicode 字符集开始部分与 ASCII 字符集相同。在这部分的字符范围内，合法的标识符为 "以字母(a~z，A~Z)或下划线或美元符号开头，并后跟字母、下划线、美元符号或数字的字符序列"，也是最常用的标识符命名方法。如下列标识符为合法的标识符：

aaa，$abc，年龄，a5，_s，a 我

下列标识符则为不合法的标识符：

5s，*$，a-5

在标识符命名时还有一些建议：

(1)标识符命名应有意义。可以根据其要表示的内容，用有意义的单词、单词的组合或缩写，如表示一个人的年龄可以用 age。

(2)在标识符命名时，针对不同程序元素的一般命名约定为：

- 类名和接口名首字母大写，若标志符由多个单词组合，则中间单词首字母大写，其余字母小写，如 StudentInformation。
- 变量名和方法名首字母小写，若标志符由多个单词组合，则中间单词首字母大写，其余字母小写，如 studentName。
- 包名采用全小写形式，如 java.lang.math。
- 常量名采用全大写形式，若由多个单词组合，则用下划线分隔，如 MAX_COUNT。

2.3.2　关键字

Java 语言预定义了一些专有词汇，统称为关键字，也称为保留字。例如 public、class、for 等，它们都具有特定的含义，只能用于特定的位置。表 2-1 给出了 Java 语言中的所有关键字。

表 2-1　Java 语言中的关键字

abstract	continue	for	new	switch
assert	default	if	package	synchronized
Boolean	do	goto	private	this
break	double	implements	protected	throw
byte	else	import	public	throws
case	enum	instanceof	return	transient
catch	extends	int	short	try
char	final	interface	static	void
class	finally	long	strictfp	volatile
const	float	native	super	while

每个关键字都有特定的含义，用在特定的语法结构中，本书后面会陆续介绍各个关键字的含义和用法。

关键字中，const 和 goto 目前没有使用，但因某些原因仍被保留下来，避免用户用于其他用处。而还有 3 个词汇 true、false、null 也有固定含义不能用于其他用处，但 Java 语言没有将其放在关键字中，其属于字面常量，我们会在后面特定地方提到它们。

2.4　常量与变量

在程序中存在大量的数据来代表程序的状态，其中有些数据在程序的运行过程中其值会发生改变，有些数据在程序运行过程中其值不能发生改变，这些数据在程序中分别被叫做变量和常量。

在实际的程序中，可以根据数据在程序运行中是否发生改变，来选择应该使用变量代表还是常量代表。

2.4.1　常量

常量代表程序运行过程中不能改变的值。常量在程序运行过程中主要有两个作用：一是代表常数，便于程序的修改（例如：圆周率的值）；二是增强程序的可读性（例如：常量 UP、DOWN、LEFT 和 RIGHT 分别代表上、下、左、右，其数值分别是 1、2、3 和 4）。

如果要声明一个常量，就必须用关键字 final 修饰，常量的语法格式如下：

```
final 数据类型 常量标识符 = 值;
final 数据类型 常量名称 1 = 值 1，常量名称 2 = 值 2，……常量名称 n = 值 n;
```

例如：

```
final double PI = 3.14;
final char MALE='M', FEMALE='F';
```

在 Java 语法中，常量也可以首先声明，然后再进行赋值，但是只能赋值一次。示例代码如下：

```
final int UP;
UP = 1;
```

2.4.2　变量

变量代表程序的状态。程序通过改变变量的值来改变整个程序的状态，或者说得更大一些，也就是实现程序的功能逻辑。为了方便地引用变量的值，在程序中需要为变量设定一个名称，这就是变量名。例如在 2D 游戏程序中，要表示人物的位置，则需要两个变量，一个是 x 坐标，一个是 y 坐标。在程序运行过程中，这两个变量的值会发生改变。

由于 Java 语言是一种强类型的语言，所以变量在使用以前必须首先声明。在程序中声明变量的语法格式如下：

```
数据类型 变量名称;
```

例如：

```
int x;
```

也可以在声明变量的同时设定该变量的值，语法格式如下：

```
数据类型 变量名称 = 值;
```

例如：

```
int x = 10;
```

在程序中，变量的值代表程序的状态，在程序中可以通过变量名称来引用变量中存储的值。变量与常量不同的地方是，变量的值允许被改变，也可以为变量重新赋值。例如：

```
int n = 5;
n = 10;
```

2.5　Java 基本数据类型

Java 是强类型语言，所以 Java 对于数据类型的规范会相对严格。数据类型是语言的抽象原子概念，可以说是语言中最基本的单元定义。在 Java 里面，本质上将数据类型分为两种：简单类型(基本类型)和引用类型，如图 2-3 所示。

（1）简单类型：简单数据类型是不能简化的、内置的数据类型、由编程语言本身定义的，它表示了真实的数字、字符和整数。

（2）引用类型：Java 语言本身不支持 C++中的结构（struct）或联合（union）数据类型，它的引用类型一般都通过类或接口进行构造，类提供了捆绑数据和方法的方式，同时可以针对程序外部进行信息隐藏。

Java 的基本类型又可以分为 4 种类型：整型、浮点型、字符型、布尔型，分别代表不同形式的数据。而每种类型内部还进行了更细致的划分，如表 2-2 所示。

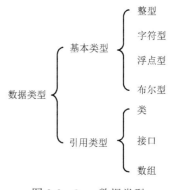

图 2-3　Java 数据类型

表 2-2　基本类型

整型	byte, short, int, long
字符型	char
浮点型	double, float
布尔型	boolean

基本数据类型是对程序能处理的最基本的数据的分类，不同类型的数据特点不同。

（1）数据类型确定了此类数据支持的操作。

（2）数据类型确定此类数据在内存中占的存储空间大小、采取的存储形式、支持的取值范围。

程序中的任何数据都会属于一种特定的数据类型，也只能属于一种数据类型。在介绍面向对象知识之前，我们先来讲解基本数据类型。

2.5.1　整型

Java 编程语言中有 4 种整数类型，每种类型可使用关键字 byte、short、int 和 long 中的任意一个进行声明。

整数类型的文字可使用十进制、八进制和十六进制表示，例如：

2　　　　　　　十进制值是 2

047　　　　　　首位的 0 表示这是一个八进制的数值

0xBBAC　　　　首位的 0x 表示这是一个十六进制的数值

整数数据类型表示的范围如表 2-3 所示。

表 2-3　整型数据类型表示的范围

数据类型	所占字节数	取值的范围	取值范围
byte	1 字节（8 位）	$-2^7 \sim 2^7-1$	$-128 \sim 127$
short	2 字节（16 位）	$-2^{15} \sim 2^{15}-1$	$-32\ 768 \sim 32\ 767$
int	4 字节（32 位）	$-2^{31} \sim 2^{31}-1$	$-2\ 147\ 483\ 648 \sim 2\ 147\ 483\ 647$
long	8 字节（64 位）	$-2^{63} \sim 2^{63}-1$	$-9\ 223\ 372\ 036\ 854\ 775\ 808 \sim 9\ 223\ 372\ 036\ 854\ 775\ 807$

int 是最常用的整数类型。但是如果你要表达很大的数，比如在地理信息系统中用整数表示地图上点的坐标，或表示国家财政预算，就需要用到长整型 long。长整型需要在其后

直接跟着一个字母"L"。L 表示一个 long 值。请注意，在 Java 编程语言中使用大写或小写 L 同样都是有效的，但由于小写 l 与数字 1 容易混淆，因而，使用小写字母不是一个明智的选择。例如：

2L	十进制值是 2，是一个 long 型数值
077L	首位的 0 表示这是一个八进制的 long 型数值
0xBAACL	前缀 0x 表示这是一个十六进制的 long 型数值

而短整型 short 和字节型 byte 常常用来处理一些底层的文件操作、网络传输，或者定义大数组。

Java 的整数类型不依赖于具体的系统，每种类型在任何一种机器上占用同样的存储空间，比如，int 总是 32 位，long 总是 64 位。在 C++中，整数类型的大小是和具体的机器有关的，但在 Java 中，这个问题不存在了，因为 Java 的整数类型不依赖于具体的系统。

不同于 C++语言，Java 语言中 4 种类型在内存中所占字节数是固定的，不会因平台或系统的变化而变化，而且不支持无符号数。

在变量初始化的时候，整型的默认值为 0。

2.5.2　浮点型

我们通常意义上说的实数或小数即是此种类型。浮点型又分为两种类型：float（单精度），double（双精度）。浮点型数在内存中的存储格式为 IEEE754 标准规定的格式，浮点数在内存中采用指数形式表示，用首位表示正负，并用一部分位数表示小数部分，一部分位数表示指数部分，如图 2-4 所示。

符号位	指数部分	小数部分
（1 位）	（决定大小范围）	（决定有效数字）

图 2-4　浮点数存储格式

而 float 与 double 类型的区别在于其数据在内存所占长度不同，因而指数部分与小数部分的长度也不同，造成取值范围和浮点数的有效数字的不同，如表 2-4 所示。

表 2-4　浮点型

数据类型	所占字节	取值范围（正值的范围）	有效数字位数
float	4	1.40e-45～3.4028235e38（十进制） 0.000002P-126～1.fffffeP+127（十六进制）	十进制约 7 位 （二进制 23 位）
double	8	4.9e-324～1.7976931348623157e308（十进制） 0x0.0000000000001P-1022～0x1.fffffffffffffP+1023（十六进制）	十进制约 15 位 （二进制 52 位）

如果一个数字包括小数点或指数部分，或者在数字后带有字母 F 或 f（float）、D 或 d（double），则该数字为浮点型。

例如：

3.14	一个简单的浮点值（a double）
3.02E23	一个大浮点值
2.718F	一个简单的 float 长度值
123.4E+306D	一个大的带冗余 D 的 double 值

注意：浮点型除非明确声明为 float，否则为 double。如果希望速度快一些，或者占用的空间少一些，可以选择 float 型。

在变量初始化的时候，浮点类型的默认值为 0.0。

2.5.3　字符类型

char 属于字符类型，在存储的时候占 2 字节，因为 Java 本身的字符集不是用 ASCII 码而是使用的 16 位 Unicode 字符集，对应编码是 Unicode 编码。这是一个大字符集，其中收录了各种符号，包括全世界各种语言文字中的字符。Unicode 编码是一种两字节(16 位)编码，编码范围为 0～65 535(通常用十六进制形式写为 U+0000～U+FFFF)，可以表示 65 536 字符。

一个 char 型的数据必须包含在一对单引号内。例如：

'a'	一个字符 a
'\t'	一个制表符
'\u????'	一个特殊的 Unicode 字符。????应严格按照 4 个十六进制数字进行替换

和在 C 语言中一样，Java 也支持转义字符。Java 中使用"\"将转义字符与一般的字符区分开来。Java 中的转义字符如表 2-5 所示。

表 2-5　Java 中的转义字符

转义序列	含　义	转义序列	含　义
\b	退格	\r	回车
\t	水平制表	\"	双引号
\n	换行	\'	单引号
\f	换页	\\	反斜杠

在变量初始化的时候，char 类型的默认值为'u0000'。

2.5.4　布尔型

与 C 语言不同，Java 定义了专门的布尔类型。布尔类型的文字只有两个，它们是 true 和 false。布尔类型的变量使用关键字 boolean 来定义。布尔型的文字和变量常常被用在条件判断语句中。

注意：在 Java 中，布尔型变量不是数值型变量，它不能被转换成任意一种类型。数值型变量也不能被当做布尔型变量使用。这一点和 C 语言完全不同。

以下是一个有关 boolean 类型变量的声明和初始化语句：

```
boolean truth = true;
```

boolean 变量在初始化的时候变量的默认值为 false。

2.5.5　基本数据类型转换

在对多个基本数据类型的数据进行混合运算时，如果这几个数据并不属于同一基本数据类型，例如在一个表达式中同时包含整型、浮点型和字符型的数据，需要先将它们转换为统一的数据类型，然后才能进行计算。

基本数据类型之间的相互转换分为两种情况，分别是自动类型转换和强制类型转换。

1. 自动类型转换

在 Java 中，整型、实型、字符型被视为简单数据类型，这些类型按精度由低级到高级分别为(byte，short，char)→int→long→float→double，如图 2-5 所示。

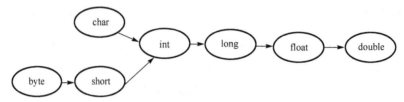

图 2-5　自动类型转换图

在不同数据类型间的算术运算中，可以分为以下 3 种情况进行考虑。

1)在算术表达式中含有 int、long、float 或 double 型的数据

这种情况下，Java 首先会将所有数据类型相对较低的变量自动转换为表达式中数据类型高的数据类型，然后再进行运算，并且计算结果的数据类型也为表达式中数据类型最高的数据类型。

【例 2-3】　自动类型转换示例 1。

```
package 第二章;
public class Conver1 {
    public static void main(String[] args) {
        int a=5;
            long b=3;
            float c=8.0F;
            double z=a+b+c;
            System.out.println(z);
    }
}
```

程序执行结果为：16.0

表达式 z=a+b+c 中变量级别最高的是 double 类型，所以 Java 把 a、b、c 的值转换为 double 类型进行运算，结果为 z 赋值了 double 类型的值。最终结果为 float 型。

2)在算术表达式中只含有 byte、short 或 char 型的数据

这种情况下，Java 首先会将所有变量的类型自动转换为 int 型，然后再进行计算，并且计算结果的数据类型也为 int。

【例 2-4】　自动类型转换示例 2。

```
package 第二章;
public class Conver2 {
        public static void main(String[] args) {
            short a=1;
            byte b=2;
            char c='a';
            int z=a+b+c; //a,b,c 的类型自动转换为 int 型后再进行运算
            System.out.println(z);
            }
}
```

程序执行结果为：100

3）任何基本类型的值和字符串值进行连接运算

当把任何基本类型的值和字符串值进行连接运算时，基本类型的值将自动类型转换为字符串类型。字符串类型在 Java 中不是基本类型，而是引用类型。

例如，下面语句输出逸凡的自我介绍情况：

```
System.out.println("我叫"+str+",今年"+age+"岁,来自"+str1+",我的爱好是"+str2);
```

这里的整型数据 age 就转换成了字符串类型。

2. 强制类型转换

将高级变量转换为低级变量时，情况会复杂一些，可以使用强制类型转换。强制类型转换采用以下语句格式：

```
(<类型>)<表达式>
```

可以想象，这种转换可能会导致溢出或精度的下降，因此不推荐使用这种转换。

【例 2-5】　强制类型转换示例。

```
package 第二章;
public class Conver3 {
        public static void main(String args[])
        {
        double a = 42763.5;
        float b = (float)a;
        long  c = (long)b;
        int   d = (int)c;
        short e = (short)d;
        byte  f = (byte)e;
        System.out.println("a = " + a);
        System.out.println("b = " + b);
        System.out.println("c = " + c);
        System.out.println("d = " + d);
        System.out.println("e = " + e);
        System.out.println("f = " + f);
        }
}
```

运行结果如图 2-6 所示。

```
a = 42763.5
b = 42763.5
c = 42763
d = 42763
e = -22773
f = 11
```

图 2-6　例 2-5 运行结果

2.6　运算符和表达式

在程序设计中，各种基本操作一般需要通过运算来实现，Java 语言提供了很多运算符支持各种运算。Java 的运算符按功能分有：算术运算符、关系运算符、逻辑运算符、位运算符、赋值运算符、条件运算符，以及特殊运算符。

参与运算的数据称为操作数，操作数可以是常量、变量或方法调用等。

由运算符、操作数、括号组成的式子就是表达式。表达式对操作数进行运算符指定的操作，会产生一个确定的结果值，这便是表达式的值。

2.6.1　运算符

1. 算术运算符

Java 支持的算术运算符包括以下两种。

(1) 单目运算符，如表 2-6 所示。

表 2-6　单目算术运算符

运算符	运算	例	例子说明
+	正	+5	正 5，"+" 一般会省略
—	负	−5	负 5
++	自增	int i=5; i++	i 的值为 6
--	自减	int i=5; i- -	i 的值为 4

注意：这里自增和自减运算符可以放在操作元之前，也可以放在操作元之后。作用是使变量的值增 1 或减 1。++i 和 (- -i) 表示在使用 x 之前，先使 i 的值加(减)1。i++和(i- -)表示在使用 i 之后，再使 i 的值加(减)1。

例如：若 i 的值是 5，执行 j= ++i 后，i 的值是 6，j 的值为 6；若 i 的值是 5，执行 j= - -i 后，i 的值是 4，j 的值为 4；若 i 的值是 5，执行 j= i++后，i 的值是 6，j 的值为 5；若 i 的值是 5，执行 j= i- -后，i 的值是 4，j 的值为 5。

(2) 双目运算符，如表 2-7 所示。

参与算术运算的操作数必须是数值类型的数据(常量、变量)。

Java 的数值类型包括整型、浮点型、字符型。注意这里字符型也属于数值类型，因为字符的 Unicode 编码是个整数值，字符在内存中的表示就是其 Unicode 码，所以 Java 允许将字符看作其 Unicode 码对应的整数值。Java 语言认为字符型也是整型的一种，相当于两个字节的无符号整型。

表 2-7　双目算术运算符

运算符	运算	例	例子说明
+	加	5+3	两操作数 5 和 3 相加，得 8
—	减	5−3	两操作数 5 和 3 相减，得 2
*	乘	5*3	两操作数 5 和 3 相乘，得 15
/	除	5/3	两操作数 5 和 3 相除，得 1
%	取余	5%3	两操作数 5 和 3 取余，得 2

所以字符型数据也可以参与算术运算，是通过其 Unicode 码的数值来参数算术运算的。如'a'+'b'所得结果为 195。

还有几点需要特别注意：

(1)若两个整数相除，值仍为整数(小数舍弃)。如 5/3 的运算结果为 1。

(2)%运算符除支持通常的整数取余操作，也支持浮点数的取余操作。如 0.5%0.3 的运算结果为 0.2。

(3)浮点数除法和取余运算会产生精度问题，有些运算不能获得准确的结果。

2．位运算符

位运算对数据的二进制位进行操作，Java 支持的位运算符如下。

(1)单目位运算符，如表 2-8 所示。

表 2-8　单目位运算符

运算符	运算	例	例子说明
～	位反	～5	对操作数 5 的每个二进制位取反，结果为-6

(2)双目位运算符，如表 2-9 所示。

表 2-9　双目位运算符

运算符	运算	例	例子说明
&	位与	5&3	5 和 3 对应的二进制位进行与操作，结果为 1
|	位或	5|3	5 和 3 对应的二进制位进行或操作，结果为 7
^	位异或	5^3	5 和 3 对应的二进制位进行异或操作，结果为 6
<<	左移	5<<3	5 的各二进制位左移 3 位，结果为 40
>>	右移	5>>3	5 的各二进制位右移 3 位，结果为 0
>>>	算术右移	5>>>3	5 的各二进制位算术右移 3 位(不考虑符号位)，结果为 0

位运算符的操作数必须是整型值，包括 int、long、short、byte、char 类型(前面说过 char 类型也相当于整型)。

说明：<<左移运算符表示左操作数的二进制位按位左移，移动的位数为右操作数的值，低位空位补 0，结果为左操作数的类型。左移操作若无溢出，等价于乘以 2^n，n 为右操作数。若有溢出，就不满足这个规律了，还可能会产生符号的改变。对于>>与>>>运算符，左操作数的二进制位按位右移，移动的位数为右操作数的值，结果为右操作数的类型。而>>与>>>的区别在于，>>运算，高位空位补符号位，而>>>运算，高位空位始终补 0。所以若是正整数，两个运算符没有区别，而若是负数，则两者会产生区别。>>操作等价于除以 2^n，n 为右操作数。若不能整除，正整数移位等价于除以 2^n 结果取下界；负整数位移等价于除以 2^n 结果取上界。而>>>只在正整数时才满足这个规律。

注意：移位运算符会约减右侧的操作数，若左侧是 int 型，右侧以 32 取模，若左侧是 long 型，右侧以 64 取模。如 a<<33 等价于 a<<1。

3．赋值运算符

(1)赋值运算符

Java 的赋值运算符为"="，我们前面已经用到了。赋值运算符是一个双目运算符，需要两个操作数。如：

```
double d;
d=3.45;
```

（2）复合赋值运算符

Java 语言还提供了一套复合赋值运算符，其将赋值运算符与双目的算术运算符、位运算符组合使用，形式如下：

```
+=、-=、*=、/=、%=、&=、|=、^=、<<=、>>=、>>>=
```

复合赋值运算符的左操作数必须为变量，右操作数为与左操作数相同的数据值，复合赋值运算符的结果为左操作数的值。其运算方式我们以*=为例：

```
int a=10;
a*=20;
```

等价于

```
a=a*20;
```

注意：复合赋值运算符右侧为一个整体，如：

```
a*=20+30
```

等价于

```
a = a * (20+30)
```

而不能是

```
a = a * 20+30
```

4. 关系运算符

Java 的关系运算符都为双目运算符，用于对两个操作数进行各种比较。其操作数应为可以进行比较的数据，即数值类型(整型、浮点型、字符型)。

比较运算的运算结果为布尔值，即 true 或 false。

Java 提供的比较运算符如表 2-10 所示。

表 2-10　比较运算符

运算符	运算	例	例子说明
>	大于	5>3	判断 5 是否大于 3，结果为 true
>=	大于等于	5>=5	判断 5 是否大于或等于 3，结果为 true
<	小于	5<3	判断 5 是否小于 3，结果为 false
<=	小于等于	5<=3	判断 5 是否小于或等于 3，结果为 false
==	等于	5==3	判断 3 是否等于 3，结果为 false
!=	不等于	5!=3	判断 5 是否不等于 3，结果为 true

如：已知 a 为整型变量，判断 a 是否大于 0：

```
a>0
```

判断 a 是否是偶数：

```
a%2==0
```

5. 逻辑运算符

逻辑运算符用于对布尔值(真 true、假 false)进行各种逻辑运算，包括与、或、非、异或。我们看一下其运算方法。

Java 提供的逻辑运算符如下。

(1)单目逻辑运算符，如表 2-11 所示。

表 2-11　单目逻辑运算符

运算符	运算	例	例子说明
!	非	!true	非 true 为 false

(2)双目逻辑运算符，如表 2-12 所示。

表 2-12　双目逻辑运算符

运算符	运算	例	例子说明
&&	与	true && false	true 与 false 为 false
||	或	true || false	true 或 false 为 true
&	与	true & false	true 与 false 为 false
|	或	true | false	true 或 false 为 true
^	异或	true ^ true	true 异或 true 为 false

这其中大家可以看出，&、|、^与我们前面讲的位运算符相同。

例：已知 a 为一个整型变量，表达下面的判断。

● a 是一个合法的月份

```
(a>=1) && (a<=12)
```

● a 是大于 0 的偶数

```
(a>0) && ( a % 2= =0)
```

● a 是闰年

```
( a % 100 != 0 && a % 4= =0) || (a % 400 = =0)
```

另外，其中&&和&都表示与运算，而 || 和 | 都表示或运算，它们之间有什么区别呢？

&&和||的特点为若运算符左侧数值已经可以确定表达式的结果,则右操作数不必考虑,若是表达式也不需计算。相反的，& 和 | 无论如何都会将两侧的数值都计算出来。如：

例：已知 int a= -1；辨析(a>0) && (a <100)和(a>0) & (a <100)的执行方式。

对于表达式 (a>0) && (a <100)，当计算出左操作数为 false 时，此运算的结果已确定为 false，因此不会再计算 a<100。而若(a>0) & (a <100)，则必须将两侧的操作数都计算出来，然后再进行&运算。

一般情况下两者的效果是相同的，但在某些特定情况下，就会产生不同的效果。

例：已知 int a= -1,b=5；辨析(a>0) && (++b<10)与(a>0) & (++b<10)的区别。

(a>0)&&(++b<10)：(++b<10)不会被执行，因此 b 的值不变。

(a>0)&(++b<10)：无论如何(++b<10)一定会被执行，因此当表达式执行完，b 的值已变为 6。

6. 条件运算符

条件运算符(？ ：)是 Java 语言中唯一的一个三目运算符。其使用形式为：

```
操作数 1 ? 操作数 2  : 操作数 3
```

其中操作数 1 为一个布尔值，操作数 2 与操作数 3 应为类型相同的值(若类型不同则启动自动类型转换)。其运算方式为：

若操作数 1 为 true，则操作数 2 的值为运算结果，若操作数 1 为 false，则操作数 3 为运算结果。例如：

```
int a=2,b=3;
a>b ? a : b
```

此表达式能将 a、b 中较大的值计算出来。

7. 对象运算符

对象运算符(instanceof)用来判断一个对象是否为一个指定类的实例，运算结果为 boolean 型，如果是则返回 true，否则返回 false。对象运算符的关键字为 instanceof，它的用法如下：

```
对象标识符 instanceof 类型标识符
```

例如，在例 2-2 中，banji 是 Banji 类的一个实例，执行如下语句：

```
System.out.println(banji instanceof Banji);
```

结果为 true。

2.6.2 表达式

由运算符、操作数、括号组成的式子就是表达式。Java 的表达式包含几下几种。
(1)算术表达式：由算术运算符以及位运算符形成的表达式。
(2)关系表达式：由关系运算符形成的表达式。
(3)逻辑表达式：由逻辑运算符形成的表达式。
(4)条件表达式：由条件运算符形成的表达式。
(5)赋值表达式：由赋值运算形成的表达式。

这些表达式可以组合，正如前面所说，表达式的值可以作为操作数继续参与运算，形成更复杂的复合表达式。如：算术表达式的值可以作为关系表达式的操作数，关系表达式的值可以作为逻辑表达式的操作数，而这些表达式的值都可以作为赋值表达式的操作数。

包含各种运算符的复杂表达式，由一定的运算规则来决定表达式的执行顺序。这个规则就是依据运算符的优先级与结合性，因此了解所有运算符的优先级与结合性非常重要。

从优先级来看，Java 语言中，单目运算符的优先级高于双目运算，赋值运算符的优先级是最低的,一般总是最后执行。从结合性来看,右结合的运算符较少,包括单目运算符、条件运算符和赋值运算符,双目运算符都为左结合。前文所述的所有运算符的优先级与结合性如表 2-13 所示。当然小括号可以改变运算顺序,提升子表达式内部运算的优先级。

表 2-13　运算符优先级

优先级	运算符	结合性
高	++ -- ! ～ + -	右结合(++,--的后缀形式为左结合)
	* / %	左结合
	+ -	左结合
	>> >>> <<	左结合
	> < >= <=	左结合
	== !=	左结合
	&	左结合
	∧	左结合
	|	左结合
	&&	左结合
	||	左结合
	?:	右结合
低	= += -= *= /= %= ^= &= |= <<= >>= >>>=	右结合

如:

```
int a, b, c;
a=b=c=100;
```

由于赋值运算符为右结合,所以运算从右向左,100 先赋值给 c,c 的结果为运算的结果,将 c 赋值给 b,b 的结果为运算的结果,以此类推。

如:表达式 3+5*6/2>6*4 的执行顺序如图 2-7 所示。结果为布尔值 false。

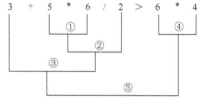

图 2-7　表达式的执行顺序

上面所讲的是计算机执行表达式的方式,其实一般不用一步一步进行分析,了解优先级与结合性就可以很清楚地看出上面表达式的执行顺序。

2.7　注　　释

与其他编程语言一样,Java 的源代码中也允许出现注释,注释不会影响程序的执行,但却是十分重要的程序组成部分。恰当地书写注释可以增强程序的可读性,提高理解程序的效率,降低程序维护的代价。程序员必须养成良好的书写注释的习惯。

在 Java 中,有 3 种不同功能的注释,分别为单行注释、多行注释和文档注释。

1. 单行注释

单行注释用于为代码中的单个行添加注释。语法格式如下:

```
// 需要注释的内容
```

当单行注释写在一行的开始时，用于说明后面语句的功能逻辑等。如果单行注释跟在一个语句的后面，则用于说明该语句。单行注释可以多次出现在程序中的任何地方，如果需要注释多行代码，也可以在每行的注释前面用 "//"。例如在下面的代码中使用了单行注释。

```
public double getArea()    //定义求面积的方法
```

2. 多行注释

对于长度为几行的注释，可以使用多行注释。语法格式如下：

```
/*需要注释的内容*/
```

此方法允许创建很长的注释，即先在注释内容的行开头处添加 "/*"，最后在注释内容的末尾添加 "*/"，而无需在每一行的开头都添加 "//"。例如：

```
/*这是一个多行注释的例子
程序开发者：逸凡
*/
```

3. 文档注释

文档注释用于描述 Java 的类、接口、构造器、方法以及字段，该注释应位于声明之前。语法格式如下：

```
/**
*这里是文档注释
*/
```

文档注释是 Java 所特有的，Java 文档生成器（javadoc 命令）可以读取 Java 语言程序并提取其中的文档注释，生成 html 文件形式的 API 文档，作为该程序的 Java 帮助文档使用。例如，在 Eclipse 环境下编写 HelloJava.java 程序：

```
public class HelloJava {
/**
  * 这是我们所编写的第一个 java 程序
  */
public static void main(String[] args) {
    System.out.println("Hello!Java!");
}
}
```

保存该文件，然后在项目列表中按右键，选择 Export（导出），然后在 Export（导出）对话框中选择 Java 下的 javadoc，提交到下一步。在 Javadoc Generation 对话框中有两个地方要注意的：一是 javadoc command 应该选择 jdk 的 bin/javadoc.exe；二是 destination 为生成文档的保存路径，可自由选择。最后按 finish（完成）按钮提交即可开始生成文档。

在保存文件的路径下打开 HelloJava.html 页面，如图 2-8 所示。

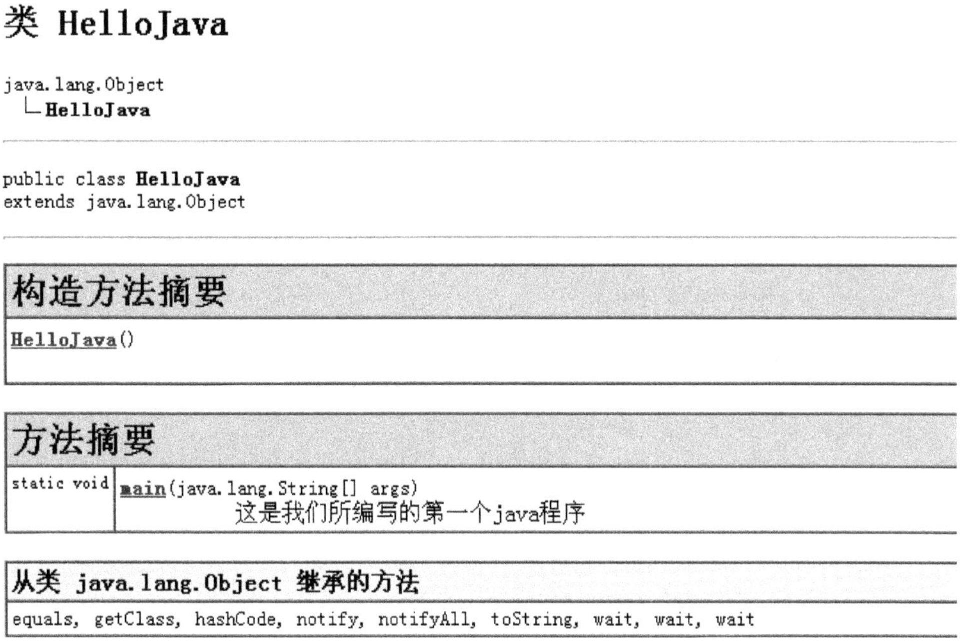

类 HelloJava

```
java.lang.Object
 └─HelloJava
```

```
public class HelloJava
extends java.lang.Object
```

构造方法摘要

HelloJava()

方法摘要

| static void | main(java.lang.String[] args)
　　　　这是我们所编写的第一个java程序 |

从类 java.lang.Object 继承的方法

equals, getClass, hashCode, notify, notifyAll, toString, wait, wait, wait

图 2-8　HelloJava.html 页面图

小　　结

程序头包的引用主要是指引用 JDK 软件包自带的包，也可以是自定义的类。

Java 源程序是由类的定义组成的。每个 Java 源程序中可以定义若干个类，类体中又包括属性与方法两部分。

Java 语言有 8 种基本数据类型，分别为：boolean、char、byte、short、int、long、double 和 float。

不同类型的数据既可以以常量的形式出现，也可以以变量的形式出现。常量就是指在程序执行期间其值不能发生变化的数据，常量是有固定值的。变量的值则是可以变化的，变量实际上代表内存中指定的存储单元。它的定义包括变量名、变量类型和作用域几个部分。

基本的运算符包括算术运算符、关系运算符、逻辑运算符、位运算符、赋值运算符、条件运算符等。优先级决定了同一表达式中多个运算符被执行的先后次序，结合性则决定了相同优先级的运算符的执行顺序。应当掌握好各种运算符的优先级和结合性。

Java 语言中有 3 种不同的注释语句，分别为单行注释、多行注释和文档注释。根据不同的情况来选择对应的注释。

习　　题

2-1　Java 的基本数据类型有哪些？

2-2　简述 Java 标识符的概念。下列字符串中，哪些是正确的标识符？

　　　　MyClass　parse　-length　x+y　￥money　_value　no1

2-3　阅读下列 Java 语言代码，写出程序输出结果。

```
(1)public class  Test
   {  public static void main(String args[])
      { System.out.println(～(0xa5) & 0xaa);
        }
   }
(2)public class TypeTransition
   { public static void main(String args[])
     { char a='h';
     int i=100,j=97;
     int aa=a+i;
     System.out.println("aa="+aa);
     char bb=(char)j;
     System.out.println("bb="+bb);
     }
   }
```

2-4　Java 语言的注释有哪几种？分别给出一个例子。

第3章 程序流程控制语句

【知识要点】

➢ 分支结构的 if-else 语句及其嵌套
➢ 分支结构的 switch 语句
➢ 3 种循环语句
➢ break 和 continue 语句

　　向往已久的大学生活开始了，逸凡逐渐适应了大学的学习和生活的节奏。逸凡有很多的想法：首先要竞选班干部，一来可以为班集体多做贡献，二来也可以锻炼自己的社交能力。为了丰富自己的大学生活，逸凡还报名参加了学校的合唱团。

3.1　引例——竞选班委和猜数字游戏

　　【引例 3-1】　逸凡竞选班委，输出他竞选的结果。
　　【案例描述】　竞选班干部，最终的结果要根据选票数来确定。票数的多少决定逸凡最终能否当选班委以及当什么职务(规定：票数大于 40 当班长，大于 35 小于 40 当团支书，大于 30 小于 35 当副班长，大于 20 小于 30 当其他班委，小于 20 则竞选不成功)。
　　【案例分析】　在这个案例中，可以看出结果是根据逸凡的选票数确定的，是有条件的，即需要判断选票数在哪一个数值区间。
　　解决这个问题需要学习本章的分支控制语句知识。
　　【引例 3-2】　猜数字游戏。
　　【案例描述】　编写一个 Java 程序，实现如下功能：
● 程序随机产生一个 1～10 的整数。
● 用户在控制台输入自己的猜测。
● 程序返回提示信息，提示信息分别是："猜大了""猜小了"和"猜对了"。
● 用户可根据提示信息再次输入猜测，直到提示信息是"猜对了"为止。
　　【案例分析】　从以上的信息我们可以得知：一共猜多少次不知道(直到猜对为止)，怎么猜这个数，要根据提示决定往大猜还是往小猜。
　　要设计完成这个小游戏需要学习本章的循环、分支等知识。

3.2　顺　序　结　构

　　任何编程语言中最常见的程序结构就是顺序结构。顺序结构就是程序从上到下一行一行地执行，中间没有任何判断和跳转。也就是说，如果没有任何流程控制，Java 方法里的语句是一个顺序执行流，从上向下依次执行每条语句。

例如，我们用顺序结构输出逸凡每日的作息时间表：起床洗漱，出早操，吃早饭，上课，吃中饭，午休，上课，运动，吃晚饭，上晚自习，回宿舍洗漱睡觉。

【例 3-1】 输出逸凡的作息时间表。

```java
package 第三章;
public class Schedule {
  public static void main(String[] args) {
    System.out.println("6:40 起床洗漱");
    System.out.println("7:00 出早操");
    System.out.println("7:30 吃早饭");
    System.out.println("8:00 上课");
    System.out.println("11:40 吃中饭");
    System.out.println("12:30 午休");
    System.out.println("14:00 上课");
    System.out.println("16:00 运动");
    System.out.println("17:30 吃晚饭");
    System.out.println("19:00 晚自习");
    System.out.println("21:00 回宿舍洗漱睡觉");
  }
}
```

3.3　分　支　结　构

Java 提供了两种常见的分支控制结构，if 语句和 switch 语句，其中 if 语句使用布尔表达式作为分支条件来进行分支控制，而 switch 语句则用于对多个整型值进行匹配，从而实现分支控制。

3.3.1　用 if 语句解决引例 3-1 的问题

开学一周后，班主任决定在全班举行竞选班干部活动。竞选班干部一般需要竞选演说，其结果无非有两个：成功和失败。逸凡决定参与竞选，如果竞选成功，他将好好为大家服务，如果竞选失败，他也会做个好学生，积极配合其他班干部的工作。

【例 3-2】 用 Java 语言编程来完成逸凡竞选班干部的问题，根据逸凡的选票结果来决定是否能够当选。假定如果逸凡的选票数（通过键盘输入）超过 20 人就当选,否则竞选失败。

```java
package 第三章;
import java.util.Scanner;
public class SelectedPiao {
  public static void main(String[] args) {
    int selectpiao;
    System.out.println("请输入逸凡的选票数：");
    Scanner in = new Scanner(System.in);
    selectpiao=in.nextInt();
    if(selectpiao>20)
      {
```

```
            System.out.println("逸凡竞选成功!");
            System.out.println("我将好好为大家服务!");
          }
        else
          {
            System.out.println("逸凡竞选失败!");
            System.out.println("我将做个好学生,积极配合其他班干部的工作!");
          }
    }
}
```

程序运行结果如图 3-1 所示。

请输入逸凡的选票数:
33
逸凡竞选成功!
我将好好为大家服务!

图 3-1　例 3-2 运行结果

下面结合逸凡可能得到的选票数学习 if 语句用法。

1. if 语句

(1)最简单的 if 语句

简单 if 语句格式	示　　例
if(表达式) 语句 1	如果我竞选成功 我将好好为大家服务

其语义是:如果表达式的值为真,则执行其后的语句,否则不执行该语句。其执行过程如图 3-2 所示。

(2)if-else 语句

if-else 语句格式	示　　例

if(表达式)
　语句 1;
else
　语句 2;
	如果我竞选成功
	　我将好好为大家服务
	否则
	　我将做个好学生,积极配合其他班干部的工作

其语义是:如果表达式的值为真,则执行语句 1,否则执行语句 2。其执行过程如图 3-3 所示。

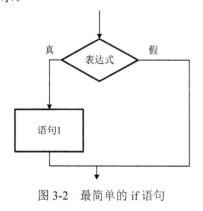

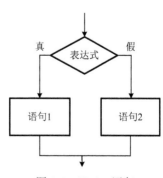

图 3-2　最简单的 if 语句　　　　　　　　图 3-3　if-else 语句

2. 多分支与 if 语句嵌套

if 语句根据条件的真假可以处理两个分支，若特定问题需要多个分支，可以通过 if 语句的嵌套来处理，即可以将 if 语句的内嵌语句再设计为 if 语句，根据不同的组合，可以形成多种分支情形。

一种情形是 if 语句还可以是 if 语句，else 分支的子语句又可以是 if 语句，将两条分支分成了 4 条分支，而第二层 if 语句的子语句根据需要还可以继续设计为 if 语句，而且由于 else 语句可以省略，所以可以形成各种需要的分支情形。其格式如下：

If 语句嵌套格式	示　　例
if(表达式 1)	如果我选票超过 20
if(表达式 2)	如果选票超过 40
语句 1；	我将当选班长
else 语句 2；	否则 我将当选班委
else	否则
if(表达式 3)	如果我选票超过 10
语句 3；	看来我只能争取当小组长了
else 语句 4；	否则 我将努力做个好学生

其语义是：首先判断表达式 1 的值，若为真，则还有两种情况：表达式 2 的值为真，执行语句 1，否则执行语句 2；若表达式 1 为假，又分为两种情况：若表达式 3 的值为真，执行语句 3，否则执行语句 4。

还有一种常用的情形，即总是将 else 分支继续扩展为 if 语句，其书写格式为 if-else-if-else。

if-else-if-else 语句格式	示　　例
if(表达式 1)	如果我选票超过 40
语句 1；	我将当选班长
else if(表达式 2)	否则　如果我选票超过 35
语句 2；	我将当选团支书
else if(表达式 3)	否则　如果我选票超过 30
语句 3；	我将当选副班长
…	……
else if(表达式 m)	否则　如果我选票超过 20
语句 m；	我将当选劳动委员
else	否则
语句 n；	我将努力做个好学生

其语义是：依次判断表达式的值，当出现某个值为真时，则执行其对应的语句。然后跳到整个 if 语句之外继续执行程序。如果所有的表达式均为假，则执行语句 n。然后继续执行后续程序。

读者可以试着完成上述两种情况的程序。

3.3.2　用 switch 语句解决引例 3-1 的问题

if-else-if 语句看起来比较复杂，如果能够根据不同的情况，直接执行相应的任务，则一目了然。Java 语言还提供了另一种用于多分支选择的 switch 语句。

一般形式为：

```
switch(表达式)
```

```
{
case 常量表达式 1: 语句 1;
case 常量表达式 2: 语句 2;
…
case 常量表达式 n: 语句 n;
default: 语句 n+1;
}
```

其语义是：计算表达式的值，并逐个与其后的常量表达式值相比较，当表达式的值与某个常量表达式的值相等时，就执行其后的语句，然后不再进行判断，继续执行后面所有 case 后的语句。如表达式的值与所有 case 后的常量表达式均不相同时，则执行 default 后的语句 n+1。

【例 3-3】　假定选票数为 0～45，竞选班干部活动源程序如下：

```
package 第三章;
import java.util.Scanner;
public class SlelectPiaoSwitch {
  public static void main(String[] args) {
  int selectpiao;
  int type;
  System.out.println("请输入逸凡的选票数：(0～45)");
  Scanner in = new Scanner(System.in);
  selectpiao=in.nextInt();
  /*选票数必须在 0 到 45 之间*/
  if (selectpiao>0 && selectpiao<=45)
  {
      /*将选票数转化为相应的班干部类型*/
      type=selectpiao/5;
      switch(type)
        { case 9:
          case 8: System.out.println("我将当选班长!");
          case 7: System.out.println("我将当选团支书!/n");
          case 6: System.out.println("我将当选副班长!/n");
          case 5: System.out.println("我将当选组织委员!/n");
          case 4: System.out.println("我将当选劳动委员!/n");
          default: System.out.println("我将努力做个好学生!/n");
        }
  }
  else
      System.out.println("选票数不合法! ");
  }
}
```

当输入 45 时，程序结果如图 3-4 所示。

显然，这种结果不是我们想得到的。为了避免上述情况，Java 语言还提供了一个 break 语句，专用于跳出 switch 语句。break 语句只有关键字 break，没有参数。在后面还将详细介绍。

图 3-4　例 3-3 运行结果

修改例 3-3 的 switch 语句如下：

```
……
switch(type)
    {  case 9:
        case 8: printf("我将当选班长!/n");  break;
        case 7: printf("我将当选团支书!/n");  break;
        case 6: printf("我将当选副班长!/n");  break;
        case 5: printf("我将当选组织委员!/n");  break;
        case 4: printf("我将当选劳动委员!/n");   break;
        default: printf("我将努力做个好学生!/n");
    }
}
```

再次输入 45 时，程序结果如图 3-5 所示。

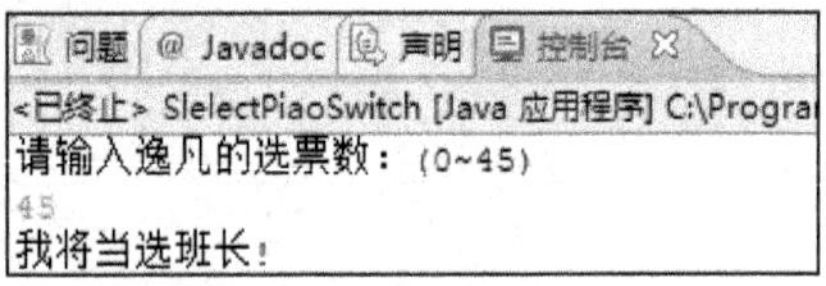

在使用 switch 语句时，注意如下事项：

(1) 在 case 后的各常量表达式的值不能相同，否则会出现错误。

图 3-5　修改例 3-3 运行结果

(2) 在 case 后允许有多个语句，可以不用{}括起来。

(3) 各 case 和 default 子句的先后顺序可以变动，而不会影响程序执行结果。

(4) default 子句可以省略不用。

(5) 若 case 后几个分支的操作相同，则可以把这些分支写在一起，相同的操作只写一次。

3.4　循 环 结 构

Java 提供了 while、do while 和 for 3 种循环语句，除此之外，jdk1.5 之后还提供了一种新的循环：foreach 循环，能以更简便的方式来遍历集合、数组的元素。Java 还提供了 break 和 continue 语句来控制程序的循环结构。

3.4.1　用 while 循环解决引例 3-2 的问题

下面我们用 while 循环来解决引例 3-2 中猜数字的问题。

while 语句的基本格式如下：

while 语句格式	示　　例

while(表达式)
 	
{
 	
语句;
 	
}
	while(猜对了吗)
	
	{
	
	If （猜大了） 提示猜大了，继续猜;
	
	else 提示猜小了，继续猜;
	
	}
	
	输出"猜对了";

首先，while 语句计算括号中的表达式，它将返回一个 boolean 值，如果为 true，则执行花括号中的语句。然后 while 语句继续测试表达式来确定是否执行循环体，直到该表达式返回 false。

【例 3-4】 猜数字。

```
package 第三章;
import java.util.Scanner;
public class GuessNumber {
    public static void main(String[] args) {
        System.out.println("给你一个 1 至 10 之间的整数，请猜测这个数：");
        int realNumber=(int)(Math.random()*10)+1;
        Scanner in = new Scanner(System.in);
        int guess=in.nextInt();
        while(guess!=realNumber){
            if(guess>realNumber){
                System.out.println("猜大了，再输入你的猜测：");
                guess=in.nextInt();
            }
            else {
                System.out.println("猜小了，再输入你的猜测：");
                guess=in.nextInt();
            }
        }
        System.out.println("恭喜你！猜对了！");
    }
```

结果由于输入的次数过多，请读者自行运行。

程序的运行结果示例如图 3-6 所示。

```
给你一个1至10之间的整数，请猜测这个数：
4
猜大了，再输入你的猜测：
2
猜小了，再输入你的猜测：
3
恭喜你！猜对了！
```

图 3-6　例 3-4 运行结果

3.4.2　do-while 语句

逸凡所在的合唱团要参加市里的合唱比赛了，领导决定彩排一次，如果令人满意，以后就不用彩排了，否则每天都要彩排，直到满意为止。

下面我们用 do-while 来描述这件事情。

do-while 的基本格式：

do-while 语句格式	示　例
do 语句; while(表达式);	do 彩排; while(领导不满意);

与 while 语句不同的是，do-while 语句先执行循环体中的语句后再计算表达式，所以 do-while 语句至少执行一次循环体。

【例 3-5】　用 do-while 语句模拟合唱团彩排的情景。

```
package 第三章;
import java.util.Scanner;
public class Show {
  public static void main(String[] args) {
    int i=0;
    Scanner in = new Scanner(System.in);
    do{
        System.out.println("表演节目");
        System.out.println("领导通过了吗？(1--同意    0--不同意)");
        i=in.nextInt();
    }while (i==0);
    System.out.println("彩排终于通过了！");
  }
}
```

程序运行结果如图 3-7 所示。

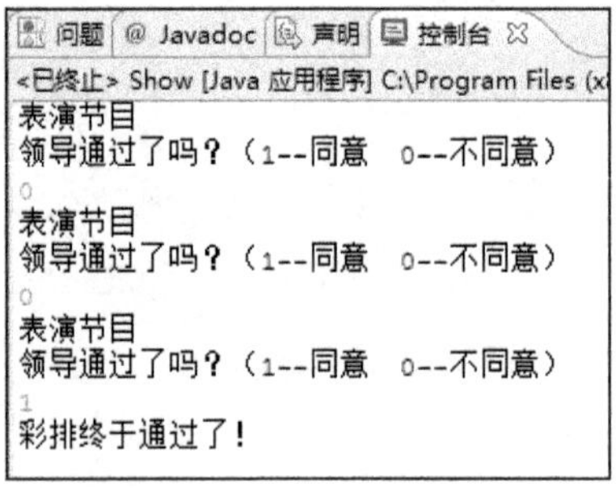

图 3-7　例 3-5 运行结果

3.4.3　for 循环

for 语句的基本格式：

for 语句格式	示　例

for(循环变量赋初值；循环条件；循环变量增量)
{
语句；
}
	for(从第 1 个同学开始；判断学生数是否小于等于 45；学生数加 1)
	{ 输入每个同学的考试成绩；
	计算总分；
	}

【例 3-6】　统计全班 45 名同学成绩的平均分，用 for 循环解决。

```
package 第三章;
import java.util.Scanner;
public class AvgScore {
 public static void main(String[] args) {
    double total=0;
```

```
    int i;
    Scanner in = new Scanner(System.in);
    for(i=1;i<=45;i++){
        System.out.println("请输入成绩：");
        total=total+in.nextDouble();
    }
    System.out.println("平均分是："+total/(i-1));
    }
}
```

3.4.4　break 语句和 continue 语句

学校一年一度的秋季运动会开始了，逸凡和舍友启航一同报名参加了 4000 米长跑。不过启航前两天嘴馋吃烤串吃坏了肚子，身体有点虚，但他执意要坚持参赛，同学们都为他捏了把汗。

1. break 语句

break 语句是从该语句的所在的分支或循环体中直接跳转出来，执行其后继语句。前面在分支结构中已经讲解了它的用法。

长跑比赛开始了，启航只跑了两圈脸色就已经很难看了，跑到第三圈时他再也坚持不下来，脚底一软摔倒了，同学们赶紧把他抬离了跑道。

【例 3-7】　下面我们就用 break 语句来模仿启航竞赛的过程。

```
package 第三章;
public class Run_qh {
    public static void main(String[] args) {
        int i;
        for(i=1;i<=10;i++){
            System.out.println("启航正在跑"+i+"圈");
            if(i==3){
                System.out.println("启航体力不支摔倒了，遗憾退出了比赛。");
                break;
            }
        }
    }
}
```

程序运行结果如图 3-8 所示。

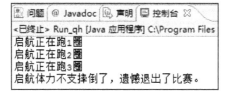

图 3-8　例 3-7 运行结果

2. continue 语句

continue 语句用于跳过当前循环的剩余部分，并判断循环条件，决定是否进入下一轮循环。

长跑比赛中逸凡的状态不错，他甩掉了很多同学，一直保持前三名。跑了过半的时候，由于出汗较多，逸凡觉得嗓子有点干，所以他每次经过同班啦啦队的时候，都会接过水来喝上几口。最终逸凡很顺利地跑完了 4000 米，并取得了第二名的好成绩。

【例 3-8】　　下面我们用 continue 语句来模仿逸凡的竞赛过程。

```java
package 第三章;
public class Run_yf {
  public static void main(String[] args) {
    int i;
    for(i=1;i<=10;i++){
    System.out.println("逸凡正在跑"+i+"圈。");
    if(i<5) continue;
    System.out.println("有点口渴，喝点水。");
    }
  }
}
```

程序的运行结果如图 3-9 所示。

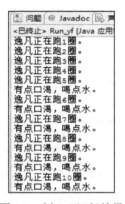

图 3-9　例 3-8 运行结果

小　　结

虽然 Java 语言是面向对象的程序设计语言，但是面向对象的编程也是以面向过程编程为基础而发展起来的，在对象的方法等程序片内部，仍然需要严格遵守传统的结构化程序设计原则。

本章介绍了 Java 的分支语句、循环语句和跳转语句，灵活使用流程控制语句，能够实现并提高程序的交互性，增加程序的可读性，提高程序的性能，精简程序的编码工作，提高程序的运行速度。

习　　题

3-1　输入 3 个数，按从大到小的顺序输出。

3-2　计算 $1 + 1/2! + 1/3! + 1/4! + \cdots + 1/20!$ 的值。

3-3　5 位评委给一个候选人打分，采用一票否决制，即只要有一个评委给了零分，此候选人就被淘汰。编写程序，输入评委的分数，计算总分数，对于被淘汰的候选人，只显示"你被淘汰了！"。

3-4　使用 break 和 continue 语句计算并输出 10 以内的奇数的和，以及 50 以内的素数。

3-5　随机产生 100 个学生的成绩(学生的成绩按照 5 级打分制，即成绩为 A、B、C、D、E)。统计每个等级的人数，若 A 表示 4 分、B 表示 3 分、C 表示 2 分、D 表示 1 分、E 表示 0 分，计算他们的平均成绩并输出。

3-6　编写猜数游戏程序。计算机随机产生 0～4 之间的整数，用户从键盘猜，一共猜 3 次，统计有几次猜中。若猜中 2～3 次以上，输出"你太有才了！"，猜中 1 次输出"很聪明呀！"，未猜中输出"多努力！"。

提示：使用 Math.random()可以产生 0～1 之间的随机数。

```
int number=(int)(Math.random()*5);     //产生 0～4 之间的随机整数
```

第 4 章　数组和字符串

【知识要点】

➢ 数组的概念、声明、创建、初始化和使用方法
➢ 数组编程方法
➢ Arrays 类的常用方法
➢ String 类、StringBuffer 类的常用方法
➢ 字符串、日期和时间的格式化

4.1　引例——成绩统计

12 月下旬，逸凡和他的同学们要参加大学英语四级考试，在此之前英语老师对他们提前做了一次模拟考试。不久英语考试成绩出来了，老师把逸凡叫了过去布置了一项任务。

【引例 4-1】　成绩统计。

【案例描述】　把每位同学的的成绩保存起来，并统计有多少个同学通过了此次模拟考试，以及全班同学的过关率。

【案例分析】　当我们定义一个变量时可以使用一个变量名表示，但是如果出现很多的变量我们分别起变量名代替表示存储就比较麻烦了，如图 4-1 所示。

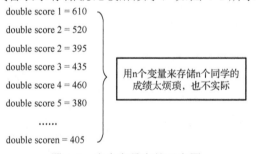

图 4-1　多个变量存储示意图

从图 4-1 我们可以看出，存储很多个同类型数据使用多个变量的这种方案是不可行的，而且如果我们想要随机访问处理某个变量也是很麻烦的。那么有没有一种好的数据类型来存储这类数据，解决上述的问题呢？

【引例 4-2】　统计每个同学的多次考试的平均分。

【案例描述】　对于"程序设计基础"这门课，每名同学最终考核的成绩是计算期中和期末考试的平均分。

【案例分析】　每个同学的"程序设计基础"的期中和期末成绩都需要用一个变量存储，这个比引例 4-1 的情况更复杂一些。如何能快速地访问到每个同学的期中或者期末考试的成绩？选择什么样的数据类型来存储这些数据呢？

通过学习本章中一维数组和二维数组的知识，这两个引例中的问题就可以轻松地得到解决。

4.2　数　　组

数组是相同类型变量的集合，可以使用共同的名字对它进行引用。在 Java 中，数组是对象，Object 类中定义的方法都可以用于数组。数组可被定义为任何有效数据类型，也就是说，数组元素可以是基本类型，也可以是类型或者数组。在数组中每个元素的数据类型相同，可以通过数组名和下标来确定每一个元素，每一个元素又可以是复合数据类型。建立 Java 数组需要以下 3 个步骤：

(1) 声明数组
(2) 创建数组空间
(3) 初始化数组元素

4.2.1　一维数组

1. 一维数组的定义

语法格式：

```
type arrayName[ ];
```

也可以这样定义：

```
type [] arrayName;
```

其中类型 type 可以为 Java 中任意的数据类型，包括简单类型、组合类型。数组名 arrayName 为一个合法的标识符，[ ] 指明该变量是一个数组类型变量。

针对引例，我们可以声明一个 double score[ ]型数组，用来存储所有同学的成绩，数组中的每个元素为 double 型数据。

2. 创建数组空间

与 C、C++不同，Java 在数组的定义中并不为数组元素分配内存，因此[ ]中不用指出数组中元素个数，即数组长度。而且对于如上定义的一个数组是不能访问它的任何元素的，我们必须为它分配内存空间，这时要用到运算符new，其格式如下：

```
arrayName=new type[arraySize]
```

其中，arraySize 指明数组的长度。因此对于 score[ ]可以使用如下格式创建数组空间：

```
score=new double[45];
```

为一个浮点型数组分配 45 个 double 型整数所占据的内存空间。

通常，这两部分可以合在一起，格式如下：

```
type arrayName[ ]=new type[arraySize]
```

例如：

```
double score[ ]=new double[45];
```

定义了一个数组，并用运算符 new 为它分配了内存空间后，就可以引用数组中的每一个元素了。数组元素的引用方式为：

```
arrayName[index]
```

其中：index 为数组下标，它可以为整型常数或表达式。如 a[3]、b[i]（i 为整型）、c[6*I]等。下标从 0 开始，一直到数组的长度减 1。对于 score 数组来说，它有 45 个元素，分别为：score[0]，score[1]，…score[44]。注意：没有 score[45]。

另外，与 C、C++中不同，Java 对数组元素要进行越界检查以保证安全性。同时，对于每个数组都有一个属性 length 指明它的长度，例如：score.length 指明数组 score 的长度。

3. 一维数组元素的初始化

对数组元素可以单独进行赋值（初始化），如：

```
score[0]=610;
score[1]=520;
…
score[44]=405
```

也可以在定义数组的同时进行初始化。
例如：

```
double score[ ]={610,520,395,…, 405};
```

数组的各个元素用逗号分隔，系统自动为数组分配一定空间。

4.2.2　用一维数组解决引例 4-1 的问题

英语模拟考试的成绩出来了，老师宣布了每个同学的成绩和全班的通过率。在这里，每个同学的考试成绩都是相同的数据类型，所以用数组来定义全班同学的考试成绩。

【例 4-1】　用数组模拟处理上述问题（引例 4-1）。

```
package 第四章;
public class EnglishScore {
        public static void main(String[] args) {
        /*把全班同学的成绩用一维数组定义并初始化*/
            double score[ ]={610,520,395,…, 405};
            int count=0;
            for(int i=0;i<score.length;i++){
                System.out.println((i+1)+"号同学的成绩是："+score[i]);
                if (score[i]>425) count=count+1;
            }
        System.out.println("全班共有"+count+"名同学通过了考试");
        System.out.println("通过率为百分之
                            "+(double)count/score.length*100);
        }
}
```

4.2.3　二维数组

与 C、C++一样，Java 中多维数组被看做数组的数组。例如二维数组为一个特殊的一维数组，其每个元素又是一个一维数组。下面我们主要以二维数组为例来进行说明，高维数组的情况是类似的。

1. 二维数组的定义

语法格式：

```
type arrayName[ ][ ];
```

也可以这样定义：

```
type [ ][ ] arrayName;
```

对于引例 4-2 我们可以声明一个 double 型二维数组：double score[][]，数组中的每个元素为 double 型数据。

2. 创建数组空间

与一维数组一样，这时对数组元素也没有分配内存空间，同样要使用运算符new来分配内存，然后才可以访问每个元素。

对高维数组来说，分配内存空间有下面几种方法：

(1) 直接为每一维分配空间，假设有 5 名同学的成绩需要计算，如：

```
double score[ ][ ]=new double[5][2];
```

(2) 从最高维开始，分别为每一维分配空间，如：

```
double score[][]=new double[5][];
score[0]=new score[2];
score[1]=new score[2];
```

对二维数组中每个元素，引用方式为：

```
arrayName[index1][index2]
```

其中 index1、index2 为下标，可为整型常数或表达式，如 score[1][0]等。同样，每一维的下标都从 0 开始。

3. 二维数组的初始化

二维数组的初始化有两种方式。

(1) 直接对每个元素进行赋值，如：

```
score[0][0]=65;
```

(2) 在定义数组的同时进行初始化，如：

```
double score[][]={{65,72},{56,78},{83,90},{88,92},{70,85}};
```

可以将二维数组看成一个表格，例如将上面创建的数组 score 看成一个 5 行 2 列的表格，如表 4-1 所示。

表 4-1   二维数组 score 的内部结构表

	列索引 0	列索引 1
行索引 0	score[0][0]	score[0][1]
行索引 1	score[1][0]	score[1][1]
行索引 2	score[2][0]	score[2][1]
行索引 3	score[3][0]	score[3][1]
行索引 4	score[4][0]	score[4][1]

4.2.4   用二维数组解决引例 4-2 的问题

很快到了期末考试，逸凡他们班第一门考的就是"程序设计基础"，因为上次期中考试同学们都考得不太理想，所以这次考试之前大家都很刻苦复习。成绩出来了，常老师很高兴，说同学们考得不错，不过总成绩是取期中和期末的平均分。

【例 4-2】   用二维数组解决上述问题(引例 4-2，为了简便，假设共有 5 位同学)。

```java
package 第四章;
public class ProgramScore {
    public static void main(String[] args) {
     /*把每位同学的期中和期末的成绩用二维数组定义并初始化*/
        double score [ ][ ]={{65,72},{56,78},{83,90},{88,92},{70,85}};
        double totalscore,avgscore;
        int i,j;
         /*遍历每一位同学*/
        for( i=0;i<score.length;i++){
            totalscore=0;
            avgscore=0;
     /*把每一位同学的两次成绩累加*/
        for( j=0;j<score[i].length;j++){
         totalscore= totalscore+score[i][j];
        }
        avgscore=totalscore/j;
        System.out.println((i+1)+"号同学的最终成绩是: "+avgscore);
    }
  }
}
```

程序运行的结果如图 4-2 所示。

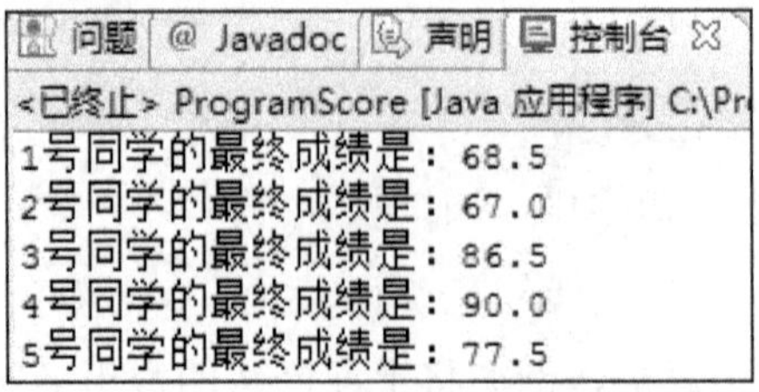

图 4-2   例 4-2 运行结果

4.2.5 Arrays 类

Java 的 util 包中有一个 Arrays 类，它可以直接用来操作数组（比如排序和搜索）。

1. Arrays 类的常用方法

Arrays 类的常用方法如表 4-2 所示（以方法的参数为整型数组说明），以下方法均可以重载。

表 4-2 Arrays 类的常用方法

方　　法	描　　述
static int binarySearch(int[] a, int key)	使用二分搜索法来搜索指定的 int 型数组，以获得指定的值
static int[] copyOf(int[] original, int newLength)	复制指定的数组，original 表示源数组，newLength 表示需要复制的长度，默认从第一个元素开始赋值
static int[] copyOfRange(int[] original, int from, int to)	将指定数组的指定范围复制到一个新数组
public static boolean equals(int[] a, int[] a2)	如果两个指定的 int 型数组彼此相等，则返回 true
static void sort(int[] a)	对指定的 int 型数组按数字升序进行排序
static void sort(int[] a, int fromIndex, int toIndex)	对指定 int 型数组中的指定范围按数字升序进行排序

注意：在使用 Arrarys 类中的 binarySearch() 方法前，需要使用 Arrays.sort() 方法对数组进行升序排序，否则返回的数值是不确定的。

2. Arrays 常用方法举例

【例 4-3】 针对上次的英语考试排序，看看逸凡考了第几名。

```
package 第四章;
import java.util.Arrays;
import java.util.Scanner;
public class EnglishSocreSort {
    public static void main(String[] args) {
        double score[]=new double[10];
        double chengji;
        int mingci;
        Scanner in = new Scanner(System.in);
        for(int i=0;i<10;i++){
            score[i]=in.nextDouble();
        }
        System.out.println("输入逸凡的成绩: ");
        chengji=in.nextDouble();
        Arrays.sort(score);                    //对 score 数组进行排序
        mingci=Arrays.binarySearch(score, chengji);//查找 chengji 在数组
                                                      score 的位置
        System.out.println("逸凡这次考了第"+(10-mingci)+"名");
    }
}
```

程序运行结果如图 4-3 所示。

图 4-3　例 4-3 运行结果

4.3　字　符　串

字符串是编程时经常使用到的一种数据类型。在 Java 语言中，提供了两个专门处理字符串的类 java.lang.String 和 java.lang.StringBuffer 用于封装字符串。String 类给出了不变字符串的操作，StringBuffer 类则用于可变字符串处理。也就是说，String 类创建的字符串是不会改变的，而 StringBuffer 类创建的字符串可以修改。本节将学习它们的具体用法。

4.3.1　创建字符串对象

在使用字符串对象之前，可以先通过下面的方式声明一个字符串：

```
String stringName;
```

字符串对象必须创建并初始化后才可以用，下面对字符串对象 stringname 的创建和赋值进行讲述。

1. 使用字符串构造方法

字符串的构造方法有以下 4 种：

(1) String()：创建一个空的字符串。例如：

```
stringname=new String();
```

(2) String(String s)：用已有的字符串创建新的字符串对象。例如：

```
stringname=new String ( "aaaaaaa" );
```

(3) String(StringBuffer buf)：用 StringBuffer 对象的内容初始化新的 String 类对象。例如：

```
StringBuffer sb=newStringBuffer("计算机");
stringname=new  String(sb);
```

(4) String(char value[])：用已经存在的字符串来创建一个新的字符串常量。例如：

```
char chars1[]={'b','c','d'};
stringname=new String(chars1);
```

2. 使用赋值语句

对 stringname 也可以使用字符串常量直接进行赋值。例如：

```
String stringname="计算机";
```

在 Java 中，字符串常量也是以对象形式存储的，即在程序编译的时候 Java 会自动为每一个字符串常量创建一个对象。因此，上面这条语句其实就是将字符串对象的引用赋给了 stringname，如图 4-4 所示。

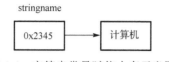

图 4-4　字符串常量赋值内存示意图

4.3.2　字符串 String 类的操作

在使用 String 类的字符串时，经常需要对字符串进行处理，以满足一定的要求。String 类中包含几个用于比较字符串操作的方法，下面对它们进行介绍。

1. 获取字符串的长度

字符串是一个对象，使用 String 类中的 length()方法可以获得该字符串的长度，这里的长度指的是字符串中 Unicode 字符的数目。例如：

```
String stringName="逸凡";
int i=stringName.length();    //获得该字符串的长度为2
```

2. 字符串比较

比较字符串可以利用 String 类提供的下列方法：

1）public int compareTo(String anotherString)

该方法比较两个字符串，其比较过程实际上是两个字符串中相同位置上的字符按 Unicode 中排列顺序逐个比较。如果在比较过程中，两个字符串是完全相等的，compareTo 方法返回 0；如果在比较过程中，前者大于后者，compareTo 方法返回一个大于 0 的整数，否则返回一个小于 0 的整数。

例如：

```
String s1="abc";
String s2="abd";
String s3="abe"
String s4="abc";
System.out.println(s1. compareTo(s2)); //结果返回为-1
System.out.println(s2. compareTo(s1)); //结果返回为1
System.out.println(s1. compareTo(s4)); //结果返回为0
```

2）public int compareToIgnoreCase(String anotherString)

该方法比较两个字符串，但忽略字母大小写的比较。

3）public boolean equals(Object anotherObject)

该方法比较两个字符串对象的内容是否相同，它是覆盖 Object 类的方法。该方法比较当前字符串和参数字符串，在两个字符串相等的时候返回 true，否则返回 false。而操作符"=="比较的是两个对象的内存地址是否相同，这一点请读者注意。

例如：

```
String s1=new String("abc");
```

```
String s2=new String("abc");
System.out.println(s1.equals(s2));        //输出为 true
System.out.println(s1==s2);               //输出为 false
```

4）public boolean equalsIgnoreCase（String anotherString）

该方法和 equals 方法相似，不同的地方在于，equalsIgnoreCase 方法将忽略字母大小写的区别。

例如：

```
String b=("cdz");
boolean c=b.equals("Cdz");        //c 的值为 true;
```

3. 字符串的查找

1）求字符串中某一位置的字符

```
public char charAt(int index)
```

返回字符串中指定位置的字符。值得注意的是，在字符串中，第一个字符的索引是 0，第二个字符的索引是 1，依次类推，最后一个字符的索引是 length()-1。

例如：

```
String s1 = new String ("Hello World.");
int i = s1.length();            //i = 12
char c = s1.charAt(4);          //c = 'o'
```

2）查找字符串中单个字符

字符串中单个字符的查找可以利用 String 类提供的下列方法：

```
(1)public int indexOf(char ch)
```

该方法用于查找当前字符串中某一个特定字符 ch 出现的位置。该方法从头向后查找，如果在字符串中找到字符 ch，则返回字符 ch 在字符串中第一次出现的位置；如果在整个字符串中没有找到字符 ch，则返回-1。

```
(2)public int indexOf(char ch, int fromIndex)
```

该方法和第一种方法类似，不同的地方在于该方法从 fromIndex 位置开始向后查找，返回的仍然是字符 ch 在字符串中第一次出现的位置。

```
(3)public int lastIndexOf(char ch)
```

该方法和第一种方法类似，不同的地方在于该方法返回的是字符 ch 在字符串最后一次出现的位置。

```
(4)public int lastIndexOf(char ch, int fromIndex)
```

该方法和第二种方法类似，不同的地方在于该方法从 fromIndex 位置向后查找，返回是字符 ch 在字符串中最后一次出现的位置。

```
(5)public int indexOf(String str)
```

该方法用于查找当前字符串中某一个特定字符串 str 出现的位置。该方法从头向后查找，如果在字符串中找到 str，则返回 str 在字符串中第一次出现的位置；如果在整个字符串中没有找到字符串 str，则返回-1。

(6)public int lastIndexOf(String str)

该方法返回的是指定字符串 str 在字符串中最后一次出现的位置。

(7)public int indexOf(String str,int fromIndex)

该方法从 fromIndex 位置向后查找，返回是指定字符串 str 在字符串中第一次出现的位置。

(8)public int lastIndexOf(String str,int fromIndex)

该方法从 fromIndex 位置向后查找，返回是指定字符串 str 在字符串中最后一次出现的位置。

例如：

```
String s="zuotian jintian he mingtian";
System.out.println(s.indexOf('i'));          //输出索引值 4
System.out.println(s.lastIndexOf('i'));       //输出索引值 24
System.out.println(s.indexOf("tian",7));      //输出索引值 11
System.out.println(s.lastIndexOf("tian",7))   //输出索引值 3
```

4. 从字符串中提取子串

利用 String 类提供的 substring 方法，可以从一个大的字符串中提取一个子串，该方法有两种常用的形式。

(1)public String substring(int beginIndex)

该方法从 beginIndex 位置起，从当前字符串中取出剩余的字符作为一个新的字符串返回。

(2)public String substring(int beginIndex, int endIndex)

该方法从当前字符串中取出一个子串，该子串从 beginIndex 位置起至 endIndex-1 位置结束。子串的长度为 endIndex-beginIndex。例：

```
String s= "abcdef".substring (2,5);   //s ="cde"
float ab=2.23f;
String a=String.valueOf(ab);          //a 值为字符串"2.23"
System.out.print(a.substring(0,3));   //输出 2.2
```

5. 字符串的连接

```
public String concat(String str)
```

该方法的参数为一个 String 类对象，作用是将参数中的字符串 str 连接到原来字符串的后面。

6. 字符串中字母大小写的转换

字符串中字母大小写的转换，可以利用 String 类提供的下列方法：

(1)public String toLowerCase()

该方法将字符串中所有字母转换成小写，并返回转换后的新串。

(2)public String toUpperCase()

该方法将字符串中所有字母转换成大写，并返回转换后的新串。

7. 字符串中字符的替换

(1)public String replace(char oldChar, char newChar)

该方法用字符 newChar 替换当前字符串中所有的字符 oldChar，并返回一个新的字符串。

(2)public String replaceFirst(String regex, String replacement)

该方法用字符串 replacement 的内容替换当前字符串中遇到的第一个和字符串 regex 相一致的子串，并将产生的新字符串返回。

(3)public String replaceAll(String regex, String replacement)

该方法用字符串 replacement 的内容替换当前字符串中遇到的所有和字符串 regex 相一致的子串，并将产生的新字符串返回。

例如：

```
String s="china-china-china";
// 下面语句输出 China-China-China
System.out.println(s.replace('c','C'));
//下面语句输出 chinese-china-china
System.out.println(s.replaceFirst("a","ese"));
//下面语句输出 chinese-chinese-chinese
System.out.println(s.replaceAll("a","ese"));
```

8. 字符串转换成字符数组

(1)public void getChars(int begin,int end,char[] ch,int dbegin)

该方法将字符串中从 begin 开始到 end 结束的字符存放到字符数组 ch 中，ch 存放的起始位置为 dbegin。例：

```
str="sdfafdas";
int n1=str.length();
char[] ch=new char[n1];//创建一个数组对象 ch
str.getChars(0,8,ch,0);//把字符串转换成字符数组存放到 ch 中
```

(2)public char[] toCharArray()

该方法将字符串中转化成字符数组。例：

```
str="sdfafdas";
char[] ch;
ch1=str.toCharArray() ;
System.out.println(ch);
for(int k=0,k<ch1.length;k++)
{
```

```
        System.out.print(ch[k]);   //依次输出字符数组 ch 中的字符
}
```

【例 4-4】　举例说明 String 类的主要方法。

```java
package 第四章;
public class StringDemo {
        public static void main(String[] args) {
            String str = "照片.xxx";
            //判断字符串 str 是否是以".gif"或者".jpg"结尾
        if (str.endsWith(".gif") || str.endsWith(".jpg")) {
         System.out.println("OK");
        } else {
         System.out.println("后缀名不合法");
        }
        String s1 = "111";
        String s2 = "111";
        //比较字符串 s1 对象和 s2 对象的内容是否相同
        if (s1.equals(s2)) {
         System.out.println("OK");
        }
        //指定字符串的替换
        String str1= "逸凡爱运动,逸凡也喜欢唱歌";
        str1 = str1.replaceAll("逸凡", "很多同学");
        System.out.println(str1);
        //去掉字符串首尾空格
        String str2 = "  Jimmy    ";
        str2 = str2.trim();
        System.out.println(str2);
        //去掉字符串中的空格
        str2 = "S t u  dy";
        str2 = str2.replaceAll(" ", "");
        System.out.println(str2);
        //类型转换
        float h = 33;
        String str3 = String.valueOf(h);
        System.out.println(str3);
        //字符串中字母大小写的转换
        String str4 = "Study hard! ";
        str4 = str4.toUpperCase();
        System.out.println(str4);
        String str5 = "STUDY HARD!";
        str5 = str5.toLowerCase();
        System.out.println(str5);
        //看看字符串首字母是否符合指定要求
        String str6 = "Jimmy fight";
        System.out.println(str6.startsWith(("J"), 0));
        }
}
```

程序的运行结果如图 4-5 所示。

```
后缀名不合法
OK
很多同学爱运动，很多同学也喜欢唱歌
Jimmy
Study
33.0
STUDY HARD!
study hard!
true
```

图 4-5　例 4-4 运行结果

4.3.3　字符串 StringBuffer 类的操作

String 类是字符串常量，而 StringBuffer 类是字符串变量，它的对象是可以扩充和修改的。

1. StringBuffer 的构造方法

StringBuffer 类的常用构造方法如下

（1）StringBuffer()： 构造一个其中不带字符的字符串缓冲区，初始容量为 16 个字符。

（2）StringBuffer(int capacity)：构造一个不带字符但具有指定初始容量的字符串缓冲区。

（3）StringBuffer(String str)：构造一个字符串缓冲区，并将其内容初始化为指定的字符串内容。

2. StringBuffer 类的常用方法

StringBuffer 类提供了很多字符串操作方法。

1）append 方法

StringBuffer 有很多重载的 append 方法，方法返回类型都是 StringBuffer，这些方法都是向字符串缓冲区"追加"元素，这个元素可以是布尔量、字符、字符数组、双精度数、浮点数、整型数、长整型数、字符串和 StringBuffer 类对象等。

2）delete 方法

该方法有两个重载的方法。

```
StringBuffer delete(int start,int end)
```

删除当前 StringBuffer 对象中以索引号 start 开始、到 end 结束的子串。

```
StringBuffer deleteCharAt(int index)
```

删除当前 StringBuffer 对象中索引号为 index 的字符。

3）insert 方法

StringBuffer 有很多重载的 insert 方法，方法返回类型都是 StringBuffer。insert 方法是在当前 StringBuffer 对象中插入一个元素，在指定索引号处插入相应的值。插入的值可以是布尔量、字符、字符数组、双精度数、浮点数、整型数、长整型数、对象类型、字符串等。

4）替换

```
StringBuffer replace(int start, int end, String str)
```

替换当前 StringBuffer 对象的字符串。从 start 开始、到 end 结束位置的字符串替换成 str。

StringBuffer 类还提供了很多和 String 类相同功能的方法，例如字符串查找 indexOf 方法和 lastIndexOf 方法，字符串替换 replace 方法，字符串长度 length 方法和提取子串 subString 方法等。具体使用时可看 API 手册。

【例 4-5】 举例说明 StringBuffer 类的主要方法。

```
char c1,ch1[]=new char[13];
      String str1="";
      StringBuffer sbufstr1;
      sbufstr1=new StringBuffer("NewStrBuffer");
      //1.字符缓冲区数据转换为字符串
      System.out.println("1.字符缓冲区数据转换为字符串");
      str1=sbufstr1.toString();   //toString 方法完成转换任务
      str1=str1+":";
      System.out.println(sbufstr1);
      ch1=str1.toCharArray();
      System.out.println(ch1);
      //2.追加字符
      System.out.println("2.追加字符");
      sbufstr1=sbufstr1.append(34);
      sbufstr1=sbufstr1.append(3.1415F);
      sbufstr1=sbufstr1.append(2.17171717);
      sbufstr1=sbufstr1.append("安全");
      sbufstr1=sbufstr1.append(new StringBuffer("技术"));
      System.out.println(sbufstr1);
      //3.插入字符
      System.out.println("3.插入字符");
      sbufstr1=sbufstr1.insert(6,"ing");
      System.out.println(sbufstr1);
      sbufstr1=sbufstr1.insert(sbufstr1.length(),":");
      System.out.println(sbufstr1);
      sbufstr1=sbufstr1.insert(0,ch1,6,3);
      System.out.println(sbufstr1);
      sbufstr1=sbufstr1.insert(0,new StringBuffer("信息"));
      System.out.println(sbufstr1);
      sbufstr1=sbufstr1.insert(0,"计算机");
      System.out.println(sbufstr1);
      //4.替换字符
      System.out.println("4.替换字符");
      str1="You have a ";
      sbufstr1=sbufstr1.replace(0,5, str1);
      System.out.println(sbufstr1);
      //5.删除字符
      System.out.println("5.删除字符");
      sbufstr1.delete(3,6);
      System.out.println(sbufstr1);
      //6.清空字符串
```

```
        System.out.println("6.清空字符串");
        sbufstr1.setLength(0);
        sbufstr1.append("计算机信息安全技术");
        System.out.println(sbufstr1);
        //7.取字符
        System.out.println("7.取字符");
        c1=sbufstr1.charAt(3);
        System.out.println(c1);
        //8.取子串
        System.out.println("8.取子串");
        str1=sbufstr1.substring(3);
        System.out.println(str1);
        str1=sbufstr1.substring(3,5);
        System.out.println(str1);
        //9.字符串反转
        System.out.println("9.字符串反转");
        sbufstr1.reverse();
        System.out.println(sbufstr1);
        str1=sbufstr1.toString();
        System.out.println(str1);
        System.out.println("--------本程序输出已经结束--------");
    }
}
```

程序运行结果如图 4-6 所示。

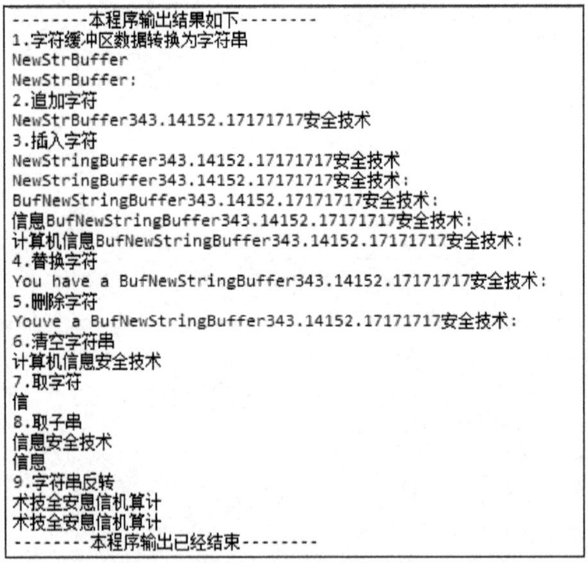

```
--------本程序输出结果如下--------
1.字符缓冲区数据转换为字符串
NewStrBuffer
NewStrBuffer:
2.追加字符
NewStrBuffer343.14152.17171717安全技术
3.插入字符
NewStringBuffer343.14152.17171717安全技术
NewStringBuffer343.14152.17171717安全技术:
BufNewStringBuffer343.14152.17171717安全技术:
信息BufNewStringBuffer343.14152.17171717安全技术:
计算机信息BufNewStringBuffer343.14152.17171717安全技术:
4.替换字符
You have a BufNewStringBuffer343.14152.17171717安全技术:
5.删除字符
Youve a BufNewStringBuffer343.14152.17171717安全技术:
6.清空字符串
计算机信息安全技术
7.取字符
信
8.取子串
信息安全技术
信息
9.字符串反转
术技全安息信机算计
术技全安息信机算计
--------本程序输出已经结束--------
```

图 4-6　例 4-5 运行结果

4.3.4　格式化字符串

String 类的 format()方法用于创建格式化的字符串以及连接多个字符串对象。format()方法有两种重载形式。

1. public static format（String format, Object... args）

该方法使用指定的字符串格式和参数生成格式化的新字符串。新字符串始终使用本地语言环境。例如，当前日期信息在中国语言环境中的表现形式为"2007-10-27"，但是在其他国家有不同的表现形式。

语法：

```
String.format(format,args...)
```

format：字符串格式。args：字符串格式中由格式说明符引用的参数。如果还有格式说明符以外的参数，则忽略这些额外的参数。参数的数目是可变的，可以为 0。

2. public static format（Locale locale, String format, Object... args）

该方法使用指定的语言环境、字符串格式和参数生成一个格式化的新字符串。新字符串始终使用指定的语言环境。

语法：

```
String.format(locale,format,args...)
```

locale：指定的语言环境。format 和 args 参数的含义同上。

format（）方法中的字符串格式参数有很多种转换符选项，例如：日期、整数、浮点数等。这些转换符的说明如表 4-3 所示。

表 4-3 格式化字符串的转换符

转换符	说 明	示 例
%s	字符串类型	"mingrisoft"
%c	字符类型	'm'
%b	布尔类型	true
%d	整数类型（十进制）	99
%x	整数类型（十六进制）	FF
%o	整数类型（八进制）	77
%f	浮点类型	99.99
%a	十六进制浮点类型	FF.35AE
%e	指数类型	9.38e+5
%g	通用浮点类型（f 和 e 类型中较短的）	
%h	散列码	
%%	百分比类型	%
%n	换行符	
%tx	日期与时间类型（x 代表不同的日期与时间转换符）	

还有一种快捷的方法可以使用指定格式字符串和参数将格式化的字符串写入输出流，就是利用 PrintStream 类的 printf 方法。

```
public PrintStream printf(Locale l, String format, Object... args)
```

参数含义同上。

例如：

```
str=String.format("Hello,%s", "逸凡");
```

```
System.out.println(str);
System.out.printf("3>7 的结果是: %b %n", 3>7);
System.out.printf("100 的一半是: %d %n", 100/2);
System.out.printf("100 的十六进制数是: %x %n", 100);
System.out.printf("100 的八进制数是: %o %n", 100);
System.out.printf("50 元的书打 8.5 折扣是: %5.2f 元%n", 50*0.85);
System.out.printf("上面的折扣是%d%% %n", 85);      }
```

上面输出的结果如图 4-7 所示。

```
Hello,逸凡
3>7 的结果是: false
100 的一半是: 50
100 的十六进制数是: 64
100 的八进制数是: 144
50 元的书打 8.5 折扣是: 42.50 元
```

图 4-7　printf 方法的输出效果

这些字符串格式参数不但可以灵活地将其他数据类型转换成字符串,而且可以与各种标志组合在一起,生成各种格式的字符串,这些标志如表 4-3 所示。

4.3.5　格式化日期和时间

在程序界面中经常需要显示时间和日期,但是其显示的格式经常不尽如人意,需要编写大量的代码经过各种算法才得到理想的日期与时间格式。在表 4-3 字符串格式转换符中还有%tx 转换符没有详细介绍,它是专门用来格式化日期和时间的。%tx 转换符中的 x 代表另外的处理日期和时间格式的转换符,它们的组合能够将日期和时间格式化成多种格式。本节将深入学习格式化日期和时间的方法。

1. 常见日期时间格式化

格式化日期与时间的转换符定义了各种格式化日期字符串的方式,其中最常用的日期和时间的组合格式如表 4-4 所示。

表 4-4　常见日期和时间组合的格式

转换符	说　　明	示　　例
c	包括全部日期和时间信息	星期二 四月 08 22:22:19 CST 2014
F	"年-月-日"格式	2014-4-08
D	"月/日/年"格式	04/08/14
r	"HH:MM:SS PM"格式(12 时制)	10:22:19 下午
T	"HH:MM:SS"格式(24 时制)	22:22:19
R	"HH:MM"格式(24 时制)	22:22

2. 格式化日期字符串

定义日期格式的转换符可以使日期通过指定的转换符生成新字符串。这些日期转换符如表 4-5 所示。

表 4-5　日期格式化转换符

转换符	说　明	示　例
b 或者 h	月份简称	中：十月　英：Oct
B	月份全称	中：四月　英：April
a	星期的简称	中：星期二　英：Tues
A	星期的全称	中：星期二　英：Tuesday
C	年的前两位数字(不足两位前面补 0)	20
y	年的后两位数字(不足两位前面补 0)	14
Y	4 位数字的年份	2014
j	一年中的天数(即年的第几天)	098
m	两位数字的月份(不足两位前面补 0)	04
d	两位数字的日(不足两位前面补 0)	08
e	月份的日(前面不补 0)	4

3. 格式化时间字符串

和日期格式转换符相比，时间格式的转换符要更多、更精确。它可以将时间格式化成时、分、秒甚至毫秒等单位。格式化时间字符串的转换符如表 4-6 所示。

表 4-6　时间格式化转换符

转换符	说　明	示　例
H	2 位数字 24 时制的小时(不足两位前面补 0)	22
I	2 位数字 12 时制的小时(不足两位前面补 0)	10
k	2 位数字 24 时制的小时(前面不补 0)	22
l	2 位数字 12 时制的小时(前面不补 0)	10
M	2 位数字的分钟(不足两位前面补 0)	22
S	2 位数字的秒(不足两位前面补 0)	19
L	3 位数字的毫秒(不足 3 位前面补 0)	015
N	9 位数字的毫秒数(不足 9 位前面补 0)	562000000
p	小写字母的上午或下午标记	中：下午　英：pm
z	相对于 GMT 的 RFC822 时区的偏移量	+0800
Z	时区缩写字符串	CST
s	1970-1-1 00:00:00 到现在所经过的秒数	1 193 468 128
Q	1970-1-1 00:00:00 到现在所经过的毫秒数	1 193 468 128 984

【例 4-6】　以下举例来说明格式化日期和时间的使用。

```
package 第四章;
import java.util.Date;
public class FormatDate {
    public static void main(String[] args) {
        Date date=new Date();                   // 创建日期对象
        // 格式化输出日期或时间
        String str=String.format("全部日期和时间信息：%tc%n",date);
        System.out.print(str);
        /*下面使用各种转换符格式化当前系统的时间，并通过
        System.out.printf()方法输出 */
```

```
        System.out.printf("月/日/年格式: %tD%n",date);
        System.out.printf("HH:MM:SS PM格式(12时制): %tr%n",date);
        System.out.printf("本地星期的简称: %tA%n",date);
        System.out.printf("一年中的天数(即年的第几天): %tj%n",date);
        System.out.printf("年的前两位数字(不足两位前面补 0): %tC%n",date);
        System.out.printf("小写字母的上午或下午标记(中): %tp%n",date);
        System.out.printf("相对于 GMT 的 RFC822 时区的偏移量:%tz%n",date);
        System.out.printf("1970-1-1 00:00:00 到现在所经过的秒数:
                          %ts%n",date);
    }
}
```

程序运行结果如图 4-8 所示。

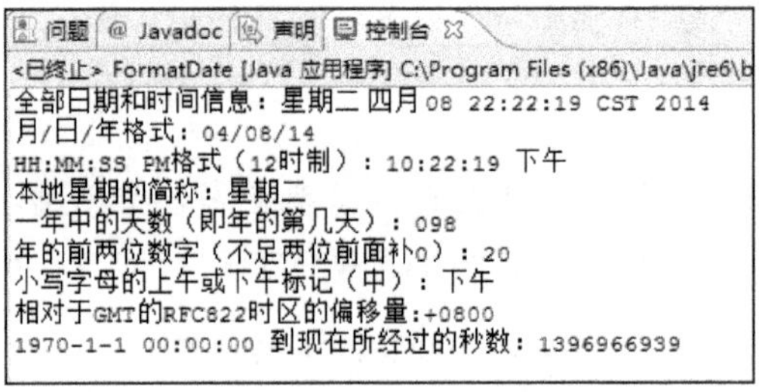

图 4-8　例 4-6 运行结果

4.4　综合案例——约瑟夫环

通过本章所学数组的知识完成如下案例。

【例 4-7】　用数组实现约瑟夫出圈问题。由 m 个人围成一个首尾相连的圈并报数,从第一个人开始,从 1 开始报,报到 n 的人出圈,剩下的人继续从 1 开始报数,直到所有的人都出圈为止。对于给定的 m 和 n,求出所有人的出圈顺序。

程序分析:

首先可以肯定的是,我们需要用一个数组来存储这 m 个人,m 是通过控制台输入获得的,用来确定数组的长度,数组的每个元素都给赋值(依次赋值 1~m),从第一个人开始报数,从 1 开始报,报到 n 的人出圈(出圈的处理操作为:把这个人所在的数组元素的值置为–1)。出圈后仍然从下个位置重新报数(从 1 开始报数),出过圈的人不进行报数。这样一直执行下去,直到所有的人都出圈为止。程序清单如下:

```
package 第四章;
import java.util.Scanner;
public class ArrayTest
{
    public static void main(String[] args)
    {
        System.out.println("程序说明");
        System.out.println( "　由 m 个人围成一个首尾相连的圈报数, " +
              "从第一个人开始, 从 1 开始报, 报到 n 的人出圈, " +
```

```
                  "剩下的人继续从1开始报数，直到所有的人都出圈为止。" +
                  "对于给定的m和n，求出所有人的出圈顺序。");
       //提示输入总人数m
       System.out.println("请输入做这个游戏的人数:");
       Scanner sca=new Scanner(System.in);
       int m=sca.nextInt();
       //提示输入要出圈的数值n
       System.out.println("请输入要出圈的数值: ");
       int n=sca.nextInt();
       System.out.println("按出圈的次序输出序号: ");
       int[] a=new int[m];//创建数组a，为int型，有m个元素
       int len=m;//圈中当前的人数即为数组的元素数

       //用循环方式给数组元素赋值
       for(int i=0; i<a.length; i++)
       {
              a[i]=i+1;
       }
       //用i作为元素下标；j代表当前要报的数
       int i=0;
       int j=1;
       while(len>0){
       if(a[i%m]>0) {
                     if(j%n==0) {
                            //找到要出圈的人，并把圈中的人数减1
                            System.out.println(a[i%m]+" ");
                            a[i%m]=-1;//在出圈后的相应位置上置-1
                            j=1;//重新报数，从1开始
                            i++;
                            len--;//圈中人数减1
                     }
                     else {
                            //满足a[i%m]>0，但不满足j%n==0的情况
                            //这个位置有人，但所报的数不是n的整数倍
                            i++;
                            j++;
                     }
              }
       else{
              //不满足a[i%m]>0的情况(遇到空位了)
              //跳到下一位，但j不自加(也就是这个位置不报数)
              i++;
              }
       }
   }
}
```

程序运行结果如图 4-9 所示。

```
程序说明
  由m个人围成一个首尾相连的围报数。
从第一个人开始，从1开始报，报到n的个出围。
剩下的人继续纵1开始报数，直到所有的人都出围为止。
对于给定的m和n，求出所有人的出围顺序。
请输入做这个游戏的人数：
12
请输入要出围的数值：
4
按出围的次序输出序号：
4
8
12
5
10
3
11
7
6
9
2
1
```

图 4-9　例 4-7 运行结果

小　　结

本章主要介绍了一维数组和二维数组的创建和使用方法，要注意的是数组的下标是从 0 开始，最后一个元素的下标总是数组长度减 1。Arrays 类是 Java 常用的工具类，Arrays 提供了各种方法对数组进行操作，更多详细具体的方法可以查阅 API 文档。

Java 常使用 String 类和 StringBuffer 类操作字符串，String 类对象为不可变对象，一旦被创建，就不能修改它的值。对于已经存在的 String 对象的修改都是重新创建一个新的对象，然后把新的值保存进去。这样原来的对象就没用了，就要被垃圾回收，这也是要影响性能的。String 是 final 类，即不能被继承。如果对字符串中的内容经常进行操作，那么使用 StringBuffer 的 append 和 insert 等方法改变字符串值时只是在原有对象存储的内存地址上进行连续操作，这就减少了资源的开销。如果最后需要 String，那么使用 StringBuffer 的 toString()方法就可以。

String 类的 format()方法用于创建格式化的字符串以及连接多个字符串对象，format()方法中的字符串格式参数不但可以灵活地将其他数据类型转换成字符串，而且可以与各种标志组合在一起，生成各种格式的字符串。字符串格式转换符中的%tx 是专门用来格式化日期和时间的。%tx 转换符中的 x 代表另外的处理日期和时间格式的转换符，它们的组合能够将日期和时间格式化成多种格式。

习　　题

4-1　输出一维整型数组中的值最小的那个元素及其下标。

4-2　计算二维数组中各行元素之和，并查找其值最大的那个元素所在行。

4-3 编写程序，将二维数组中的行列互调显示出来。如下所示：

$$
\begin{matrix}
1 & 3 & 5 \\
2 & 4 & 6 \\
3 & 6 & 9
\end{matrix}
\quad 显示出的结果为 \quad
\begin{matrix}
1 & 2 & 3 \\
3 & 4 & 6 \\
5 & 6 & 9
\end{matrix}
$$

4-4 编程实现打印输出字符串数组中的最大值和最小值。提示：按照字典顺序决定字符串的最大值和最小值，字典中排在后面的大于前面的。

4-5 声明一个字符串，然后将该字符串以下标的奇偶数分割为两个字符串。例如："abcdefghij" 分割为 "acegi" 和 "bdfhj"。

4-6 新建一个 Date 类对象，以 3 种不同格式输出日期和时间。

4-7 计算 2010 年和 1987 年之间相隔的天数 (提示：使用日历类 java.util.Calendar)。

第5章 类 与 对 象

【知识要点】

➤ 类的定义

➤ 类的成员变量、成员方法

➤ 对象的创建与使用

➤ 类的静态成员和静态方法(类成员和类方法)

➤ 包语句的声明和引用

➤ 访问权限

紧张繁忙的期末考试终于结束了，考得好的同学浑身轻松，想着马上就可以回家过年了，心情激动不已；也有个别的同学挂了科，一则不好意思告诉老爸老妈，二则想着寒假还得在家苦读准备补考，心里不免有些郁闷。逸凡的各科成绩都考得不错，这个寒假应该可以快快乐乐地渡过了。

5.1 引例——设计成绩报告单类

期末考试成绩出来了，老师把逸凡和另一名班干部叫了去，让他们编程实现给每位同学打出一张成绩报告单。期末考试有计算机导论、程序设计基础、数学和英语 4 门课。

【引例】 成绩报告单。

【案例描述】 为全班同学各生成一张成绩报告单，报告单要有每名同学的信息描述和各科成绩的信息描述。

【案例分析】 对于这样的问题，我们首先考虑是不是要用二维数组解决这个问题，例如定义一个 double score[][]二维数组，存储每位同学和他的几门课的成绩。然后通过循环遍历这个二维数组，输出每位同学的每门课的成绩。但是在这个数组里并不能明确标示下标和学号的关系，也不能存储每位同学的姓名和他的其他信息描述(除非数组类型为 String，但是用字符串类型描述成绩并不是一个很好的选择)。

因为每个同学的信息描述和成绩描述都是相同的结构，能不能把这种结构定义成一个类型，把每个同学的实例都声明成这个类型的变量呢？这样的话，问题是不是就更直观、更容易解决了呢？

上述的思想其实就是面向对象编程的思想了，通过本章类的定义和对象的创建及引用就可以设计完成引例中的这个任务了。

5.2 类

面向对象的编程思想就是使在计算机语言中事物的描述与现实世界中该事物的本来面目尽可能地一致，类（Class）和对象（Object）就是面向对象方法的核心概念。类是对某一类事物的描述，是抽象的、概念上的定义；对象是实际存在的该类事物的个体，是具体的，因此也称实例（Instance）。

Java 语言和其他面向对象的语言一样，引入了类的概念，类是用来创建对象的模板，它包含被创建的对象的状态描述和方法的定义。Java 是面向对象语言，它的源文件是由若干个类组成的，因此，要学习 Java 编程就必须学会怎么样去编写类，即怎样用 Java 的语法去描述一类事物共有的属性和功能。属性通过变量来刻画，功能通过方法来体现，即方法操作属性形成一定的算法来实现一个具体的功能。类把属性和对数据的操作封装成一个整体。

5.2.1 类的定义

类是组成 Java 程序的基本要素。类封装了一个类对象的状态和方法。类是用来定义对象的模板。可以用类创建对象，当使用一个类创建了一个对象时，我们也称给出了这个类的一个实例。

在语法上，类由两部分构成：类声明和类体。基本格式为：

```
[修饰符] class 类名
  {
  类体
  }
```

其中，"修饰符"用于控制类的被访问权限与类的类别；class 是关键字，用来定义类；"class 类名"是类的声明部分，类名必须是合法的 Java 标识符；两个大括号"{""}"以及之间的内容称作类体。

"类体"是类的具体描述内容，包含成员变量、成员方法、构造方法，还可以包含类、接口等，但其中最重要的是成员变量与成员方法。通过变量声明定义的变量，称作成员变量或域，用来刻画类创建的对象的属性；成员方法用来描述实体所应该具备的行为能力。

以狗类为例分析一个类的组成，设计一个类应该先分析每条狗（即后面要讲到的对象）的特征和行为，从而抽象出所有狗的共有属性和共有行为。分析所有的狗，发现它们都具有相同的属性：名字、性别、年龄、体重、品种等，还具有共同的行为：啃骨头、叫等。

【例 5-1】 定义一个 Dog 类。

```java
public class Dog{
    //首先定义 Dog 类的属性，即成员变量的定义
    String name;
    String sex;
    int age;
    double weight;
    String kind;
```

```
        //其次定义 Dog 类的行为，即成员方法的定义
        void eat( ){
                    System.out.println("爱啃骨头!"); }
        void speak( ){
        System.out.println("汪汪汪…");}
}
```

从上面的这个例子可以看出，在 Java 中属性是用变量来表示的，而行为用方法来表示。

类的名字不能是 Java 中的关键字，要符合标识符规定，即名字可以由字母、下划线、数字或美元符号组成，并且第一个字符不能是数字。但给类命名时，最好考虑下列建议：

(1)如果类名使用拉丁字母，那么名字的首字母使用大写字母，如 Hello、Time、People 等。

(2)类名最好容易识别、见名知意。当类名由几个"单词"复合而成时，每个单词的首写字母使用大写，如 BeijingTime、AmericanGame、HelloChina 等。

5.2.2　引例中成绩报告单类的定义

逸凡通过思考发现每个同学的成绩报告单都需要有学号、姓名以及各科成绩，每份成绩报告单中都有相关的个人信息和成绩信息的描述，因此可以把它们抽象成一个 ScoreCard 类。

【例 5-2】　定义一个成绩报告单类 ScoreCard。

```
package 第五章;
public class ScoreCard{
  /*先定义成绩报告单的属性*/
      private String sno;               //学号
      private String name;              //姓名
      private float english;            //英语成绩
      private float math;               //数学成绩
      private float program;            //程序设计成绩
      private float introduction;       //导论成绩
  /*定义一个无参构造方法*/
      public ScoreCard () {
      }
  /*再定义一个带参构造方法*/
      public ScoreCard (String sno, String name, float english, float math,
                        float program, float introduction) {
              this.sno = sno;
              this.name = name;
              this.english = english;
              this.math = math;
              this.program = program;
              this.introduction = introduction;
      }
  /*定义私有属性的 getter 和 setter 方法*/
  …
  /*定义成员方法 getInfor()用来返回一个同学的成绩报告单的信息*/
  public String getInfor(){
```

```
    …
  }
}
```

上例中所有方法将在后续内容中具体讲解并完善。

5.2.3 成员变量和局部变量

上面知道了类体主要分为成员变量和成员方法，变量定义部分所定义的变量被称为类的成员变量。而在方法体中定义的变量和方法的参数被称为局部变量。成员变量在整个类内都有效，局部变量只在定义它的方法内有效。

1. 成员变量

成员变量又分为实例成员变量(简称实例变量)和类变量(也称静态变量)，如果成员变量的类型前面加上关键字 static，这样的成员变量称作类变量或静态变量。类变量的概念在后续章节中做讲解。

实例变量定义的格式为：

```
[修饰符] 数据类型 成员变量名
```

例如，在上述在 ScoreCard 类定义中：

```
public class ScoreCard{
    private String sno;
    private String name;
    private float english;
…
}
```

sno、name、english 等都是成员变量。

成员变量在整个类内都有效，与它在类体中书写的先后位置无关，在定义类的成员变量时也可以同时赋初值，表明类所创建的对象的初始状态。

需要注意的是对成员变量的操作只能放在方法中，类的成员类型中可以有数据和方法，即数据的定义和方法的定义，但没有语句，语句必须放在方法中。

2. 局部变量

根据定义形式的不同，局部变量分为 3 种：

(1)形参：在定义方法签名时定义的变量，形参的作用域在整个方法内有效。

在例 5-2 中 public ScoreCard (String sno, String name, float english, float math,float program, float introduction)的构造方法中定义的与成员变量同名的参数都是局部变量。

如果局部变量的名字与成员变量的名字相同，则成员变量被隐藏，即这个成员变量在这个方法内暂时失效，这时如果想在该方法内使用成员变量，必须使用关键字 this。例如程序 5-2 中的构造方法：

```
public ScoreCard (String sno, String name, float english, float math,
            float program, float introduction) {
        this.sno = sno;
```

```
        this.name = name;
        this.english = english;
        this.math = math;
        this.program = program;
        this.introduction = introduction;
    }
```

这里的 this.sno、this.name、this.english、this.math、this.program、this.intruction 表示的就是成员变量 sno、name、english、math、program、intruction。

（2）方法局部变量：在方法体内定义的局部变量，它的作用域是从定义该变量的地方生效，到该方法结束时消失。

【例 5-3】　方法局部变量测试。

```
package 第五章;
public class MethodLocalVariableTest {
    public static void main(String[] args)      {
        //定义一个方法局部变量a
        int a;
        //下面代码将出现错误，因为a变量还未初始化
        //System.out.println("方法局部变量a的值：" + a);
        //为a变量赋初始值，也就是进行初始化
        a = 5;
        System.out.println("方法局部变量a的值：" + a);
    }
}
```

（3）代码块局部变量：在代码块中定义的局部变量，这个局部变量的作用域从定义该变量的地方生效，到该代码块结束时失效。

【例 5-4】代码块局部变量测试。

```
package 第五章;
public class BlockTest {
  public static void main(String[] args) {
    //在主方法中通过大括号定义一个局部代码块
    {
        int a;               //定义一个代码块局部变量
    //下面代码将出现错误，因为a变量还未初始化
    //System.out.println("代码块局部变量a的值：" + a);
        a = 5;               //为a变量赋初始值，也就是进行初始化
        System.out.println("代码块局部变量a的值：" + a);
    }
    //下面试图访问的a变量并不存在
    // System.out.println(a);
    //因为变量a的作用域只在代码块中有效
  }
}
```

从程序的运行结果可以看出，只要离开了代码块局部变量所在的代码块，则这个局部变量将立即被销毁，变为不可见。

　　与成员变量不同的是，局部变量除了形参之外，都必须显式初始化，形参的初始化在调用该方法时由系统完成。也就是说必须先给方法局部变量和代码块局部变量指定初始值，否则不可以访问它们。

5.2.4　成员方法

　　与成员变量一样，成员方法也分为静态(static)和非静态两种形式，分别被称为静态方法(类方法)与实例方法，实例方法是利用实例化好后的对象进行调用的，静态方法是可以直接用类名进行调用的。

　　这里先介绍实例方法，有关静态方法的相关内容在后面讲述。

1. setter 和 getter 方法

　　setter 和 getter 方法是两种特殊的实例方法。

　　类中的成员方法主要承担对象的外部接口任务。在一个类中，至少应该包含对类中的每个成员变量设置状态值，获取变量的当前状态值等功能的一系列成员方法。面向对象程序设计方法反复强调：在设计类时，应该将描述对象的成员变量隐藏起来，用实现操作行为的成员方法作为对象之间相互操作的外部接口，这也就是面向对象的封装技术。

　　封装，就是隐藏实现细节，将属性私有化，提供公有方法访问私有属性。

　　例如，在类 ScoreCard 类的定义中，我们把该类的每个属性设置为 private 私有的，不能通过外部类直接访问，从而将成员变量隐藏在类的内部。因此 ScordCard 类还应为每个属性创建一对 public 公有的赋值(setter)方法和取值(getter)方法，用于对这些属性的访问。将例 5-2 的类 ScordCard 的 setter 和 getter 方法完善如下：

```
package 第五章;
 public class ScoreCard{
  …
  /*在成绩报告单中定义如下 get 和 set 成员方法，通过这些方法可以得到相关属性的值或给这些属性赋值*/
        public String getSno() {
                return sno;
        }
        public void setSno(String sno) {
                this.sno = sno;
        }
        public String getName() {
                return name;
        }
        public void setName(String name) {
                this.name = name;
        }
        public float getEnglish() {
                return english;
        }
        public void setEnglish(float english) {
                this.english = english;
```

```
        }
        public float getMath() {
                return math;
        }
        public void setMath(float math) {
                this.math = math;
        }
        public float getProgram() {
                return program;
        }
        public void setProgram(float program) {
                this.program = program;
        }
        public float getIntroduction() {
                return introduction;
        }
        public void setIntroduction(float introduction) {
                this.introduction = introduction;
        }
}
```

封装可以被认为是一个保护屏障，防止该类的代码和数据被外部类定义的代码随机访问，同时提高了代码的可维护性、灵活性和扩展性。

2. 实例方法的定义

Java 语言规定，实例方法的定义格式为：

```
[修饰符] 返回类型 成员方法名(参数列表)[ throws 异常类型列表]{
  成员方法体
  }
```

其中，"修饰符"决定了成员方法的被访问权限，"返回类型"是成员方法的返回结果类型。"成员方法名"的命名既要符合 Java 标识符的定义规则，又要遵循第 2 章所讲的 Java 的命名规范。

例如，在类 ScoreCard 中定义的 getInfor()方法，一看就知道是得到一个成绩报告单信息的方法。将例 5-2 的类 ScordCard 的 getInfor()方法完善如下：

```
package 第五章;
 public class ScoreCard{
  …
  /*定义成员方法 getInfor()用来返回一个同学的成绩报告单的信息*/
     public String getInfor(){
             return "学生信息: \n"+
                     "\t|-学号: "+this.getSno()+"\n"+
                     "\t|-姓名: "+this.getName()+"\n"+
                     "\t|-数学成绩: "+this.getMath()+"\n"+
                     "\t|-英语成绩: "+this.getEnglish()+"\n"+
                     "\t|-程序设计成绩: "+this.getProgram()+"\n"+
```

```
                              "\t|-计算机导论成绩: "+this.getIntroduction();
        }
}
```

3. 构造方法

构造方法是具有特殊地位的成员方法，供类创建对象时使用，用来给出类所创建的对象的初始状态。它的具体定义格式为：

[修饰符] 类名（参数列表）

构造方法是一种特殊方法，它的名字必须与它所在的类的名字完全相同，由于它的主要作用是初始化成员变量，因此它不返回任何数据类型，但在构造方法中 void 必须省略不写。

Java 允许一个类中可以有若干个构造方法，但这些构造方法的参数必须不同，即或者参数的个数不同，或者参数的类型不同。

在例 5-2 中 ScoreCard 类就提供了两种构造方法：一个是无参构造方法 public ScoreCard ()，另一个是带参构造方法 public ScoreCard（String sno, String name, float english, float math, float program, float introduction）。

Java 的类中如果没有显示定义构造方法，那么它默认提供一个无参构造方法。如果类里定义了一个或多个构造方法，那么 Java 不提供默认的构造方法。

4. 方法重载

方法重载是指一个类中可以有多个方法具有相同的名字，但这些方法的参数必须不同，即或者参数的个数不同，或者参数的类型不同。方法的返回类型和参数的名字不参与比较，也就是说，如果两个方法的名字相同，即使类型不同，也必须保证参数不同。

Java 的成员方法及构造方法都可以重载，例如上例的类 ScoreCard 类就有两个参数不同的构造方法，即构造方法进行了重载。

至此，ScoreCard 类就被定义好了，读者可以把例 5-2 的 ScoreCard 类书写完整。

5.3　对　　象

类是创建对象的模板，当使用一个类创建了一个对象时，我们也说给出了这个类的一个实例。创建一个对象包括对象的声明和为对象分配成员变量两个步骤。

5.3.1　创建对象

1. 对象的声明

一般格式为：

类的名字　对象名字；

如：

ScoreCard 逸凡;

逸凡

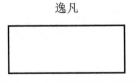

图 5-1　未分配实体的对象

声明对象变量"逸凡"后,"逸凡"的内存中还没有任何数据,这时的"逸凡"称为一个空对象。

内存模型如图 5-1 所示。

空对象不能使用,因为它还没有得到任何"实体",必须再进行为对象分配内存的步骤,即为对象分配实体。

2. 为声明的对象分配成员变量

使用 new 运算符和类的构造方法为声明的对象分配成员变量,如果类中没有构造方法,系统会调用默认的构造方法(默认的构造方法是无参数的,一定要记住构造方法的名字必须和类名相同这一规定),上述的 ScoreCard 类提供了两个构造方法,下面都是合法的创建对象的语句:

```
ScoreCard 启航=new ScoreCard();
```

或

```
ScoreCard 逸凡;
逸凡=new ScoreCard("2014010","逸凡",85,90,92,88);
```

如果 ScoreCard 类只定义了一个带参的构造方法,那么这时由于 Java 将不再提供默认的无参构造方法,所以如下创建的对象就成了非法的。

```
ScoreCard 启航=new ScoreCard();
```

创建对象实现下述两件事:

(1)为成员变量分配内存空间,然后执行构造方法中的语句。如果成员变量在声明时没有指定初值,所使用的构造方法也没有对成员变量进行初始化操作,那么,对于整型的成员变量默认初值是 0;对于浮点型默认初值是 0.0;对于布尔类型默认初值是 false;对于引用类型默认初值是 null。

(2)给出一个信息,也就是获得一个引用,确保这些变量是属于该对象的,即这些内存单元将由此对象操作管理。

执行如下语句后:

```
逸凡=new ScoreCard("2014010","逸凡",85,90,92,88);
```

内存模型由声明对象时的模型(见图 5-1)变成如图 5-2 所示的模型,箭头示意对象可以操作这些属于该对象的变量。

逸凡		
0xAB10	2014010	String
	逸凡	String
	85.0	float
	90.0	float
	92.0	float
	88.0	float

图 5-2　分配实体后的对象

3. 创建多个不同的对象

一个类通过使用 new 运算符可以创建多个不同的对象,这些对象将被分配不同的内存空间,因此,改变其中一个对象的状态不会影响其他对象的状态。例如,我们使用前面的 ScoreCard 类创建两个对象:"逸凡"和"启航"。

当创建对象"逸凡"时,ScoreCard 类中的成员变量被分配内存空间,并返回一个引用给"逸凡";当再创建一个对象"启航"时,ScoreCard 类中的成员变量 sno、name、english、math、program、introduction 再一次被分配内存空间,并返回一个引用给"启航"。内存模型如图 5-3 所示。

图 5-3　创建多个对象

5.3.2　对象的使用

1. 使用对象

对象不仅可以操作自己的变量改变状态,而且还拥有了使用创建它的那个类中的方法的能力,对象通过使用这些方法可以产生一定的行为。

通过使用运算符".",对象可以实现对自己的变量访问和方法的调用。

(1)对象操作自己的变量(对象的属性)。由于我们经常把类的成员变量定义成 private 私有的,所以对象操作自己的变量的时候都是通过 get 或 set 方法实现的。

(2)对象调用类中的方法(对象的功能)。例如:逸凡.getInfor( );当对象调用类中的一个方法时,方法中的局部变量被分配内存空间,方法执行完成后,局部变量即刻释放内存。局部变量声明时必须事先为其赋值,它没有默认值。

我们已经知道,当用类创建一个对象时,成员变量被分配内存空间,这些内存空间称作该对象的实体或变量。而对象中存放着引用,以确保这些变量由该对象操作使用。因此,如果两个对象有相同的引用,那么就具有同样的实体。

例如,在例 5-2 中加入如下语句:

```
…
ScoreCard 陈明;
陈明=逸凡;
…
```

这时,对象"陈明"和"逸凡"就具有相同的引用,也就具有同样的实体了,如图 5-4 所示。

2. "垃圾收集"机制

Java 具有"垃圾收集"机制,Java 的运行环境定期检测某个实体是否已不再被任何对象所引用,如果发现这样的实体,就释放该实体占有的内存。因此,Java 编程人员不必像

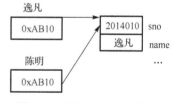

图 5-4　"逸凡"和"陈明"对象的引用图

C++程序员那样,要时刻自己检查哪些对象应该释放内存。当把变量 t2 中存放的引用赋给 t1 后,最初分配给对象 t1 的成员变量(实体)所占有的内存就会被释放。

没有实体的对象称作空对象。空对象不能使用,即不能让一个空对象去调用方法产生行为。假如程序中使用了空对象,程序在运行时会出现异常:NullPointerException。由于

对象动态地分配实体，所以 Java 的编译器对空对象不做检查。因此，在编写程序时要避免使用空对象。

5.3.3　用对象解决引例中成绩报告单的生成问题

在上面的讲解中，ScoreCard 类已经定义好了，又学习了对象是如何声明以及创建的，现在就可以使用 ScoreCard 类创建每个同学的成绩报告单了，每个同学的成绩报告单就是 ScordCard 类的不同对象。

【例 5-5】　创建逸凡和启航的成绩报告单。

```java
package 第五章;
public class TestScoreCard {
    public static void main(String[] args) {
        ScoreCard 逸凡;                          //声明对象"逸凡"
        ScoreCard 启航=new ScoreCard();   //声明并创建对象"启航"
        逸凡=new ScoreCard("2014010","逸凡",85,90,92,88);
        //创建对象逸凡
        启航.setSno("2014012");
        启航.setName("启航");
        启航.setEnglish(75);
        启航.setMath(80);
        启航.setProgram(85);
        启航.setIntroduction (83);
        System.out.println(逸凡.getInfor());
        System.out.println("----------------------------");
        System.out.println(启航.getInfor());
    }
}
```

程序运行结果如图 5-5 所示。

图 5-5　例 5-5 运行结果

5.3.4　参数传值

当方法被调用时，如果方法有参数，参数必须实例化，即参数变量必须有具体的值。方法调用根据参数传值的情况又分为基本数据类型参数的传值和引用类型的传值两种。

形参和实参有如下基本规则:

(1)形参和实参的类型必须一致,或者符合隐含转换规则。

(2)形参类型不是引用类型时,在调用该方法时,是按值传递的。在该方法运行时,形参和实参是不同的变量,它们在内存中位于不同的位置,形参将实参的值复制一份,在该方法运行结束的时候释放形参,而实参内容不会改变。

(3)形参类型是引用类型时,在调用该方法时,是按引用传递的。运行时,传给方法的是实参的地址,在方法体内部使用的也是实参的地址,即使用的就是实参本身对应的内存空间。所以在方法体内部可以改变实参的值。

【例 5-6】 基本数据类型作为参数。

```
package 第五章;
public class A {
            void f(double y){
                    y=y+10;
                    System.out.println("参数 y 的值是: "+y);
            }
    public static void main(String[] args) {
            int x=10;
            A a=new A();
            a.f(x);
            System.out.println("方法调用之后 x 的值是: "+x);
    }
}
```

程序运行结果如图 5-6 所示。

图 5-6 例 5-6 运行结果

上面结果显示:当方法体内的参数 y 的值发生了改变时,实参 x 的值不变。

【例 5-7】 对象作为参数。

```
package 第五章;
public class Employee {
    public String name=null;
    public Employee(String n){
       this.name=n;
    }
      //将两个 Employee 对象交换
    public static void swap(Employee e1,Employee e2){
     Employee temp=e1;
     e1=e2;
     e2=temp;
      System.out.println(e1.name+" "+e2.name);
    }
```

```
        // 改变一个 Employee 对象的 name 属性
public static void rename(Employee e,String str){
        e.name=str;
        System.out.println(e.name);
        }
        public static void main(String[] args) {
         Employee worker=new Employee("张三");
         Employee manager=new Employee("李四");
         swap(worker,manager);
        System.out.println(worker.name+" "+manager.name);
        rename(worker,"张三丰");
        System.out.println(worker.name);
        }
        }
```

程序运行结果如图 5-7 所示。

图 5-7　例 5-7 运行结果

上面的结果显示：虽然形参对象 e1、e2 的内容交换了，但实参对象 worker、manager 并没有互换内容。这里最重要的原因就在于形参 e1、e2 是实参 worker、manager 的地址拷贝。而且如果在方法体内改变了 e 的 name 值，实参 worker 的 name 属性也被改变了。

所以，Java 对象参数传递虽然传递的是地址（引用），但仍然是值调用。

5.4　static 关键字

在 Java 中 static 表示"全局"或者"静态"的意思，用来修饰成员变量和成员方法，也可以形成静态 static 代码块。被 static 修饰的成员变量和成员方法独立于该类的任何对象，所以也称为类变量和类方法。

只要这个类被加载，Java 虚拟机就能根据类名在运行时数据区的方法区内定找到它们。因此，static 声明过的成员变量和成员方法可以在它的任何对象创建之前访问，无需引用任何对象。

类中定义的静态代码块会优先于构造块执行，而且不管有多少个对象，静态代码块只执行一次。

5.4.1　类变量

声明为 static 的变量实质上就是类变量，也就是全局变量或者静态变量。当声明一个对象时，并不产生 static 变量的拷贝，而是该类所有的实例对象共用同一个 static 变量。它不依赖类特定的实例，被类的所有实例共享（因此可以用来统计一个类有多少个实例化对象）。类变量在类装载时，只分配一块存储空间，所有此类的对象都可以操控此块存储空间。

引用类变量的格式为：

类名．类变量

例如，我们可以改进例 5-2，在 ScoreCard 类中引入一个类变量 count，用来统计成绩报告单的个数。

【例 5-8】 改进例 5-2，统计成绩报告单的个数。

```
package 第五章;
public class ScoreCard1{
/*先定义成绩报告单的属性*/
    … //还是同例 5-2 一样先定义成绩报告单的属性
  static int count; //定义类变量，用来统计生成成绩报告单对象的个数
       public ScoreCard1 () {
count=count+1;
      }
  public ScoreCard1 (String sno, String name, float english, float math,
                    float program, float introduction) {
            … //同例 5-2 一样为各个成员变量赋值
  count=count+1;
    }
…
}
```

【例 5-9】 创建关于 ScoreCard1 类的对象，统计一共生成了多少个成绩单。

```
public class TestScoreCard1 {
    public static void main(String[] args) {
System.out.println("一共生成了"+ScoreCard1.count+"份成绩报告单");
    }
}
```

结果为：一共生成了两份成绩报告单。可见，只要创建一个 ScoreCard1 类的对象，count 的值就会被加 1。

由此可见，如果类中的成员变量有类变量，那么所有对象的这个类变量都被分配给相同的一处内存，改变其中一个对象的这个类变量会影响其他对象的这个类变量，也就是说对象共享类变量。static 变量有点类似于 C 中的全局变量的概念。

5.4.2 类方法

在类中定义了用 static 修饰的方法就称之为类方法，也叫静态方法。类方法和实例方法不同，实例方法的调用必须使用本类的对象，而类方法无需本类的对象即可调用此方法。

调用一个静态方法的格式为：

类名.方法名

在上述的讲述过程中，我们完成了成绩报告单类的制作，可以想象，这份成绩报告单应该适合多个班级使用。如何能做到在报告单中更换班级的信息呢？

【例 5-10】　　在报告单中更换班级的信息。

```
package 第五章;
public class ScoreCard2{
/*先定义成绩报告单的属性*/
  private static String banji="2014 软件工程 1 班"; //班级
      private String sno;                          //学号
      …  //此处代码同例 5-2
  public static void setBanji( String banji){      //定义类方法 setBanji
      ScoreCard2.banji =banji;
  }
      public String getSno() {
              return sno;
      }
      public void setSno(String sno) {
              this.sno = sno;
      }
      …  //此处代码同例 5-2 一样
/*定义成员方法 getInfor()用来返回一个同学的成绩报告单的信息*/
      public String getInfor(){
              return  "学生信息: \n"+
                      "\t|-班级: "+ScoreCard.banji+"\n"+
              "\t|-学号: "+this.getSno()+"\n"+
                      //以下同例 5.1
                      …
      }
}
```

如果用此类为"2014 软件工程 2 班"生成成绩报告单，可以编写如下程序：

【例 5-11】　　创建一份指定班级的成绩报告单。

```
package 第五章;
public class TestScoreCard2{
        public static void main(String[] args) {
                ScoreCard2 王兵,李建;
        ScoreCard2.setBanji("2014 软件工程 2 班");
                王兵=new ScoreCard2("2014201","王兵",75,80,82,77);
                李建=new ScoreCard2("2014202","李建",85,88,82,83);
                System.out.println(王兵.getInfor());
                System.out.println("----------------------------");
                System.out.println(李建.getInfor());
        }
}
```

程序执行结果如图 5-8 所示。

声明为 static 的方法有以下几条限制：

(1) 仅能调用其他的 static 方法。

(2) 只能访问 static 数据。

(3) 不能以任何方式引用 this 或 super。

图 5-8 例 5-11 运行结果

一般来说，静态方法常常为应用程序中的其他类提供一些实用工具所用，在 Java 的类库中，大量的静态方法正是为此目的而定义的。

5.5 this 关键字

Java 关键字 this 只能用于方法的方法体内。当一个对象创建后，Java 虚拟机(JVM)就会给这个对象分配一个引用自身的指针，这个指针的名字就是 this。因此，this 只能在类中的非静态方法中使用，静态方法和静态的代码块中绝对不能出现 this。并且 this 只与特定的对象关联，而不与类关联，同一个类的不同对象有不同的 this。

this 引用有以下 3 种用法。

1. 只代对象本身

在方法中，需要引用该方法所属类的当前对象的时候，直接用 this。

2. 访问本类的成员变量

语法格式如下：

```
this. 成员变量
```

在方法的参数或者方法中的局部变量和成员变量同名的情况下，成员变量被屏蔽，此时要访问成员变量则需要用"this.成员变量名"的方式来引用成员变量。当然，在没有同名的情况下，可以直接用成员变量的名字，而不用 this，用了也不出错。

3. 调用本类重载的构造方法

语法格式如下：

```
this([参数列表])
```

注意，这个仅仅在类的构造方法中这么用，别的地方不能这么用。而且这时只能引用一个构造方法，且必须位于该方法的第一句。

例如，改写 ScoreCard 类的构造方法如下：

```
    public ScoreCard () {
    }
    public ScoreCard (String sno, String name) {
/*用 this.sno,this.name 来引用成员方法*/
            this.sno = sno;
            this.name = name;
    }
public ScoreCard (String sno, String name, float english, float math,
                    float program, float introduction) {
            this(sno,name);   //调用本类已经定义的构造方法,必须在第一句
            this.english = english;
            this.math = math;
            this.program = program;
            this.introduction = introduction;
    }
```

其实这些用法都是从对"this 是指向对象本身的一个指针"这句话的更深入的理解而来的，死记容易忘记而且容易搞错，要理解！

5.6　包

为了更好地组织类，Java 提供了包机制。包是类的容器，用于分隔类名空间。如果没有指定包名，所有的示例都属于一个默认的无名包。

Java 中的包一般均包含相关的类，例如，所有关于交通工具的类都可以放到名为 transportation 的包中。

5.6.1　包语句

1. 包声明语句

Java 可以使用 package 指明源文件中的类属于哪个具体的包。包语法的格式为：

```
package pkg1[. pkg2[. pkg3…]];
```

程序中如果有 package 语句，该语句一定是源文件中的第一条可执行语句，它的前面只能有注释或空行。另外，一个文件中最多只能有一条 package 语句。

包的名字有层次关系，各层之间以点分隔。包层次必须与 Java 开发系统的文件系统结构相同。通常包名中的字母全部用小写，这与类名以大写字母开头且各单词的首字母亦大写的命名约定有所不同。

当使用包说明时，程序中无需再引用(import)同一个包或该包的任何元素。import 语句只用来将其他包中的类引入当前名字空间中。而当前包总是处于当前名字空间中。

注：系统自动引入 java.lang 包中的所有的类，因此不需要再显式地使用 import 语句引入该包的所有类。java.lang 包是 Java 的核心类库，它包含了运行 Java 程序必不可少的系统类。

如果文件声明如下：

```
package java.awt.image
```

则此文件必须存放在 Windows 的 java\awt\image 目录下或 UNIX 的 java/awt/image 目录下。

2. Java 标准包

标准 Java 库被分类成许多的包，标准 Java 包是分层次的，就像在硬盘上嵌套有各级子目录一样，可以通过层次嵌套组织包。最高一级的包名是 java 和 javax，其下一级的包名有 lang、util、net、io 等。Java 标准类库中的类就是通过如图 5-9 所示的这种嵌套的关系来组织的。

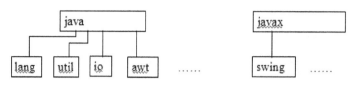

图 5-9 标准 Java 库的包嵌套

例：Math 类，它的位置应该是 java.lang.Math。

5.6.2 包引用

我们在程序里面需要使用包中的类，这样我们就必须把类所在的包引用到我们的程序里。下面介绍两种引用包的方法。

1. 类名前加上完整的包名

例如：

```
public class test{
    public static void main(String args[ ]){
      java.util.Date now = new java.util.Date( );      //指明引用java.util包中
                                                             的类Date

      System.out.println(now);
    }
}
```

2. 使用 import 语句导入包

格式：

```
import  类名；
```

在程序的开头位置写该语句。

功能：把该类的搜索位置导入程序中。告诉 Java 编译器在程序中找不到该类的定义时去搜索位置查找该类，如果还找不到则会出错。

例如：

```
import  java.util.Date;                //加入导包语句
public class test
    {public static void main(String args[])
      {Date  now = new Date( );      //此处不用指出 Date 所在的包了
       System.out.println(now);
```

```
    }
  }
```

一旦使用 import 了以后，就不再需要给出完整的包名了。

可以引入一个特定的类，也可以引入整个包。

例如：我们可以通过下面的语句引入在 java.util 包中的所有的 public 类。

```
import    java.util.*;        //导入 java.util 包中所有的 public 类，包括 Date 类
public class test{
    public static void main(String args[]){
        Date  now = new Date( );
        System.out.println(now);
    }
  }
```

5.7　访 问 权 限

一个 Java 应用有很多类，但是有些类并不希望被其他类使用。每个类中都有数据成员和方法成员，但是并不是每个数据和方法都允许在其他类中调用。如何做到访问控制呢？就需要使用访问权限修饰符。

Java 有 4 种访问权限修饰符(访问控制符)包括：public、protected、friendly、private，分别代表了不同的访问权限。如果省略，则被视为使用了 friendly 作为访问修饰符。

从字面含义上面理解，很显然，这几个访问控制符(public -> protected -> fniendly -> private)所代表的访问权限是依次递减的。那么，所谓的访问权限是相对什么来说的呢？这个问题的答案就是，这里的权限是针对是不是同一个类、是不是属于同一个包、是不是存在父类子类关系。

1. 私有变量和私有方法

用 private 修饰的成员变量以及成员方法称为私有变量和私有方法。只有在本类中创建该类的对象时，这个对象才能访问自己的私有成员变量和类中的私有方法。与它的名字"私有"一样，类中限定为 private 的成员只能被这个类本身访问，在类外不可见。该修饰符不能修饰类。

2. 友好变量和友好方法

不加任何访问修饰符的成员变量和成员方法被称为友好(fniendly)变量和友好方法。只可以被其修饰的成员变量及其成员方法在两个地方被访问：该类自身和与它在同一个包中的类。

3. 受保护的成员变量和方法

protected 是介于 public 和 private 之间的一种访问修饰符，一般称之为"保护形"。被其修饰的成员变量和成员方法除了有友好变量和友好方法的权限外，对于在不同的包中的子类也可以访问。

4. 共有变量和共有方法

用 public 修饰的成员变量和成员方法称为共有变量和共有方法。被其修饰的成员变量和成员方法可以在任何一个类中访问。

下面用表 5-1 来展示 4 种访问权限之间的异同点。

表 5-1　Java 访问修饰符

	同一个类	同一个包	不同包的子类	不同包的非子类
private	√			
friendly（省略）	√	√		
protected	√	√	√	
public	√	√	√	√

需要注意的是 protected 和 private 是不能用来修饰类的，对于用 public 修饰的类可以在任何另外一个类中使用该类创建对象；没有任何修饰符的类（友好类），在另外一个类中创建该类对象时要保证它们是在同一个包中。

5.8　综合案例——结婚登记审核问题

通过本章的知识学习我们可以完成如下的案例：

【例 5-12】　两个人去民政局办理结婚登记的手续，民政局通过核实两人的身份最终确定两人是否可以结婚。

1. 分析与实现

去办理登记结婚的时候要求每个人都必须携带户口簿，通过户口簿上的信息能够确定本人的年龄、性别和是否已婚。所以我们先要定义一个 Hukou 类，它具有 name、age、gender 和 partner 属性；拥有两个方法：一个是判断是否达到已婚年龄，一个是结婚的方法，可以判断是否可以结婚。

```
package 第五章;
public class Hukou
{
  //定义 name、age、gender 和 partner 属性
  //数据类型分别为 String、int、boolean 和 Hukou
  private String name;
  private int age;
  private boolean gender;  //gender 代表性别,值为 true 代表男性,false 代表女性
  private Hukou partner;   //partner 代表配偶

  //定义一个空的构造方法
  public Hukou ()
  {
  }
```

```
//定义一个构造方法
public Hukou (String name,int age,boolean gender, Hukou partner)
{
        this.name = name;
        this.age = age;
        this.gender= gender;
        this.partner=partner;
}

//为每个属性添加 get 和 set 方法
public String getName()
{
        return name;
}
public void setName(String name)
{
        this.name = name;
}
public int getAge()
{
        return age;
}
public void setAge(int age)
{
        this.age = age;
}
public boolean isGender()
{
        return gender;
}
public void setGender(boolean gender)
{
        this.gender = gender;
}
public Hukou getPartner()
{
        return partner;
}
public void setPartner(Hukou partner)
{
        this.partner = partner;
}
//判断是否到结婚年龄的方法
public boolean isOverAgeForMarry()
{
        if(this.gender && this.getAge()>=23)
        {
                return true;
```

```
                }
                        if(!this.gender && this.getAge()>=21)
                {
                        return true;
                }
        return false;
    }
//定义 marry 方法，判断是否符合结婚条件，返回值是 boolean 类型
//符合就返回 true，不符合就返回 false
public boolean marry(Hukou  p)
{
        if(this.gender==p.gender)
        {
            System.out.println("根据国家法律，不允许同性结婚！");
            return false;
        }
        if(this.partner!=null || p.partner!=null)
        {
            System.out.println("一方已结婚，再结婚将构成重婚罪！");
            return false;
        }
        if(!this.isOverAgeForMarry() || !p.isOverAgeForMarry())
        {
            System.out.println("未达到结婚年龄，不能结婚，过几年再来吧！");
            return false;
        }
        System.out.println("恭喜"+this.name+"和"+p.name+"结婚成功！");
        this.partner=p;
        p.partner=this;
        return true;
    }
}
```

2. 测试

```
public class MarryTest {
    public static void main(String[] args)
    {
        //创建对象
        Hukou p1 = new Hukou ("牛魔王", 35, true, null);
        Hukou p2 = new Hukou ("铁扇公主", 30, false, null);
        Hukou p3 = new Hukou ("至尊宝", 26, true, null);
        Hukou p4 = new Hukou ("紫霞", 24, false, null);
        Hukou p5 = new Hukou ("许仙", 24, true, null);
        Hukou p6 = new Hukou ("白素贞", 23, false, null);
        Hukou p7 = new Hukou ("小青", 18, false, null);

        //牛魔王和铁扇公主，符合条件就登记结婚，并输出结婚语句
        p1.marry(p2);
```

```
        //二者结婚以后，都是有家室的人，不能再和别人结婚
        System.out.print("牛魔王已经结婚了，还想和紫霞结婚，得到答复是：");
        p1.marry(p4);
        System.out.print("铁扇公主已经结婚了，还想和至尊宝结婚，得到答复是：");
        p2.marry(p3);
        //许仙和至尊宝都是男性，不能结婚
        System.out.print("许仙和至尊宝申请结婚，得到答复是：");
        p3.marry(p5);
        //至尊宝和紫霞虽然都和别人匹配过，但不合适，所以还是单身，二者可以结婚
        System.out.print("紫霞和至尊宝申请结婚，得到答复是：");
        p3.marry(p4);
        //小青年龄不符合要求，所以不能和许仙结婚
        System.out.print("小青和许仙申请结婚，得到答复是：");
        p5.marry(p7);
        //许仙和白素贞可以结婚
        System.out.print("白素贞和许仙申请结婚，得到答复是：");
        p5.marry(p6);
        //许仙已经结过婚了，这时候即使小青年龄符合要求，也不能与之结婚
        p7.setAge(25);   //将小青的年龄改为 25 岁
        System.out.print("小青现在已经" + p7.getAge() + "岁了，申请和许仙结婚，
得到答复是：");
        p7.marry(p5);
        //当许仙和白素贞离婚后，就可以和小青结婚了
        p5.setPartner(null);//将许仙的配偶设置为空
        System.out.print("许仙离婚了，成了单身，申请和小青结婚，得到答复是：");
        p5.marry(p7);
    }
}
```

程序运行结果如图 5-10 所示。

```
恭喜牛魔王和铁扇公主结婚成功！
牛魔王已经结婚了，还想和紫霞结婚，得到答复是：一方已结婚，再结婚构成重婚罪！
铁扇公主已经结婚了，还想和至尊宝结婚，得到答复是：一方已结婚，再结婚构成重婚罪！
许仙和至尊宝申请结婚，得到答复是：根据国家法律，暂时不允许同性结婚！
紫霞和至尊宝申请结婚，得到答复是：恭喜至尊宝和紫霞结婚成功！
小青和许仙申请结婚，得到答复是：未达到结婚年龄，不能结婚，晚几年再来吧！
白素贞和许仙申请结婚，得到答复是：恭喜许仙和白素贞结婚成功！
小青现在已经25岁了，申请和许仙结婚，得到答复是：一方已结婚，再结婚构成重婚罪！
许仙离婚了，成了自由人，申请和小青结婚，得到答复：恭喜许仙和小青结婚成功！
```

图 5-10　例 5-12 运行结果

小　　结

本章介绍了类的构建、对象的初始化和 Java 的垃圾回收机制。现实生活的事物都可以抽象为对象，Java 类是对象的抽象，它包含了成员变量和成员方法，以达到封装的目的。

被 static 修饰的成员变量称为类变量，被 static 修饰的成员方法称为类方法，类方法与

类变量都依赖于类而非对象，可以不创建对象直接通过类来调用访问；this 用来指代对象本身，用以访问自身的成员变量、成员方法或调用本类其他的构造方法。

Java 提供了包机制，很好地解决了名字空间冲突的问题，通过 package 关键字创建包，通过 import 引入包。Java 提供了丰富的类库，通过 import 引入之后，可以使用其中定义的类。

类成员可以使用 private、protected、public 与默认的 4 种访问控制权限来修饰，类可以使用 public 和默认两种访问权限。

通过本章的学习，可以初步了解面向对象程序设计思想和其产生的原因。类的复用达到了对 Java 代码的复用，可以通过具体的 Java 标准类库来获得这种扩展。

习　　题

5-1　类中的实例变量在什么时候会被分配内存空间？

5-2　什么叫方法的重载？构造方法可以重载吗？

5-3　类中的实例方法可以操作类变量吗？类方法可以操作实例变量吗？

5-4　举例说明类变量和实例变量的区别。

5-5　protected 方法和友好方法的区别是什么？

5-6　定义一个 Rectangle 类，包括两个属性：weight 和 height；两个方法：计算矩形的周长和面积。

5-7　创建一个加减乘除四则运算类，使用重载实现 int、double 的四则运算。

5-8　定义一个复数类 Complex，它包括两个两个属性：realPart 和 imaginPart。并实现以下复数类的方法：构造方法、得到实部、得到虚部、设置实部、设置虚部、复数的加法、减法和 toString 方法，最后编写测试类创建对象进行运算。

第6章　继承与多态

【知识要点】

➢ 类的继承

➢ 方法的重写

➢ 上转型对象

➢ 抽象类、接口及多态机制

大学生活还是比较丰富多彩的，首先同学们的住宿环境还是不错的，宿舍宽敞舒适，还有宽带接口。逸凡住的是四人间宿舍，但用电受限，尤其是不准用小电器(主要是杜绝有的学生在宿舍做饭)。但是据逸凡所知，还是有不少同学偷偷用小电炉煮面或煮粥，当然也不乏有人被发现给予警告的。

逸凡上大学期间一共买过两辆自行车，第一辆新的捷安特自行车不幸被偷，为此逸凡伤心了许久，另一辆二手的飞鸽自行车居然也被贼得手(这世道就是这么让人无奈)，他索性又返回了原来的状态，走路！

6.1　引例——开发教员类

【引例】　开发教员类。

【案例描述】　开发一个教员类，教员类又分为 Java 课教员以及.NET 课教员，各自的属性要求如下。

● Java 教员属性：姓名、所属中心

● Java 教员方法：授课(步骤：打开 Eclipse、实施理论课授课)、自我介绍

● .NET 教员属性：姓名、所属中心

● .NET 教员方法：授课(步骤：打开 Visual studio 2005、实施理论课授课)、自我介绍

【案例分析】　根据上一章知识的学习，我们可以很容易地设计 Java 教员以及.NET 教员这两个类，并且生成他们各自的对象并引用。但是从上述信息描述中我们可以发现，这两个类有很多共同的属性和行为，定义之后的两个类存在大量的代码复用的问题。而且如果还有其他教员类，我们又需要重新定义新类并继续产生重复的问题。对于这样的问题，在 Java 中有没有好的解决方法呢？

本章将讲解面向对象程序设计中继承、多态和接口的知识，通过本章的学习，上述的问题将得以解决。

6.2　类　的　继　承

6.2.1　子类、父类与继承机制

1. 继承的定义

在面向对象程序设计中，继承是不可或缺的一部分。通过继承可以实现代码的重用，提高程序的可维护性。

继承一般是指晚辈从父辈那里继承财产，也可以说是子女拥有父母所给予他们的东西。在面向对象程序设计中，继承的含义与此类似，所不同的是，这里继承的实体是类。继承就是子类可以使用父类的部分或者全部属性和行为的过程。

就像在大学的校园里有许多形形色色的人，而这些人又具有相同的属性和行为，这时就可以编写一个 Person 类（该类中包括所有人均具有的属性和行为），即父类。

父类 Person 类的定义程序见例 6-1。

【例6-1】　定义父类 Person。

```
package 第六章;
class Person
{
// Person 类包括名字和年龄两个属性
private String name;
 private int age;
    //父类的无参构造方法
    public Person()
    {
        System.out.println("========父类中的构造方法=======");
    }
    //定义两个属性的访问器 getter 方法和修改器 setter 方法
    public String getName()
    {
        return this.name;
    }
    public void setName(String name)
    {
        this.name = name;
    }
    public int getAge()
    {
        return this.age;
    }
    public void setAge(int age)
    {
        this.age = age;
    }
```

```
    //定义 getInfo()方法用于输出人的信息
    public String getInfo()
    {
            return "姓名是: "+name+",年龄是: "+age;
    }
}
```

这和我们之前所接触的类没有什么区别，然而对于不同的人又具有它自己的属性和行为，比如，可以编写一个学生类 Student。由于学生类也属于人类，所以它具有人类所共有的属性和行为。因此在编写学生类时，就可以使 Student 类继承于父类 Person，这样不但可以节省程序的开发时间，而且也提高了代码的可重用性。

注意： Java 所有的类都是从系统提供的放在 java.lang 程序包中的 Object 类继承而来的，Object 类是所有类的顶级类。换句话说，每个类都有直接超类，若有的类没有指明它的直接超类，例如我们在以前所写的许多类，那么它都隐含着直接超类 Object。

2. 子类对象的创建

在类的声明中，可以通过使用关键字 extends 来显式地指明其父类。格式为：

`[修饰符] class 子类名 extends 父类`

有时子类为了和父类保持一致性或者为了开发方便，所以就用到了继承机制。由于子类将继承超类的所有字段(包括成员变量和常量)和方法，即超类的所有字段和方法都自动成为子类的字段和方法，因此，子类体内只需写出新增的字段和方法。

注意： Java 和 C++不一样，它只支持单继承而不支持多继承，即一个类只能有一个基类，一个基类可以派生出多个类。

【例 6-2】 大学校园里的人角色各不一样。刚才我们创建了 Person 类，下面我们来创建一个 Student 类来继承 Person 类。

```
package 第六章;
class Student extends Person
{
    private String school = "软件学院";
    //子类的无参构造方法
    public Student()
    {   //这里隐含调用了父类的构造方法,相当于执行了 super( );
        setName("逸凡");
        setAge(23);
        System.out.println("========子类中的构造方法=====");
    }
    public String getInfo()
    {
            return  super.getInfo()+",学校是:"+school;
    }
    public String getSchool() {
      return school;
    }
```

```
  public void setSchool(String school) {
    this.school = school;
  }
}
```

Student 类是 Person 类的子类，它继承了父类的所有方法(除了构造方法)。Student 类根据需要新添加了属性 school，以及 school 属性的访问器和修改器。

【例 6-3】　下面实例化一个学生类的对象并打印他的相关信息。

```
package 第六章;
public class TestStudent
{
  public static void main(String args[])
  {
      // 使用子类对象
      Student s = new Student() ;
      System.out.println(s.getInfo());;
  }
}
```

程序运行结果如图 6-1 所示。

图 6-1　例 6-3 运行结果

6.2.2　继承的实现

1. 继承的原则

父类的私有属性和私有方法，子类是不能直接访问的，所以在很多书上提到子类不能继承其父类中 private 的成员，这种说法是不严谨的。在一个子类被创建的时候，Java 首先会在内存中创建一个父类对象，然后在父类对象外部放上子类独有的属性，两者合起来形成一个子类的对象。所以，所谓的继承使子类拥有父类所有的属性和方法其实可以这样理解：子类对象确实拥有父类对象中所有的属性和方法，但是父类对象中的私有属性和方法，子类是无法访问到的，只能拥有，但不能使用。概括来说，子类能否直接使用继承过来的父类的属性和行为，就要看父类属性和行为的权限了。在这一点的理解上也可以参考 5.6 小节。

就像在上面的 Student 类中一样，当实例化一个 Student 对象时，其实同时也实例化了一个 Person 对象。Student 对象不能够直接使用继承的 name 和 age 属性(因为它们是私有属性)，但是可以通过继承的 getInfor( )方法去间接访问 name 和 age。

2. 使用 super( )调用父类的构造方法

super 关键字与 this 相类似，也是一个指代变量，用于在子类中指代父类对象。与 this 关键字一样，super 关键字在使用前不需要声明，也不能在静态方法中使用。

　　super 关键字的一种用法是在子类中引用父类中的属性和方法。在继承关系中，若子类和父类的成员变量或方法同名，则父类中的成员或方法就会被子类中的成员变量或方法隐藏或覆盖。如果要在子类中调用父类的成员变量或方法，就需要使用 super 关键字显式地调用父类的变量和方法。具体用法如下：

```
super.变量名;
super.方法名(参数列表);
```

　　在 Student 类中重写了 public String getInfo () 方法，要想使用父类 Person 中的 getInfo ()就要用 super.getInfo ()。

　　super 关键字的另一种用法是在子类中指代父类的构造方法。在加载子类时，会先加载父类，执行父类无参数的构造方法，但不会自动执行父类的其他构造方法。事实上，在继承关系中，每个子类的构造方法都隐含地调用了父类的无参构造方法。这样，如果在子类中需要调用父类的其他构造方法对父类对象进行初始化时，则必须使用 super 关键字指明调用父类的哪个构造方法。调用父类构造方法的语句必须放在子类构造方法的第一行。调用父类构造方法的语法格式如下：

```
super(参数列表);
```

　　在上面的实例中，实际上在子类 Student 的构造方法中隐含了一个 super () 的方法。该方法表示调用父类 (即超类) 的构造方法。

　　如果希望在调用 Person 类的构造方法的时候可以直接为属性初始化，那么在 Person 类中增添如下构造方法：

```
public Person(String name,int age)
    {
        this.setName(name) ;
        this.setAge(age) ;
    }
```

也为 Student 类增加如下带参构造方法：

```
public Student(String name,int age,String school)
    {
        // 直接指明调用父类中有两个参数的构造方法
        super(name,age) ;
        this.school=school ;
    }
```

那么在 TestStudent 类可以对 Student 这样实例化：

```
Student s= new Student("逸凡",23,"软件学院") ;
```

6.2.3　成员变量的隐藏和方法的重写

1. 成员变量的隐藏

子类中定义的成员变量和父类中的同名时，子类就隐藏了继承的成员变量。例如父类

Parent 中有成员变量 A，子类 Child 定义了与 A 同名的成员变量 B，子类对象 ChildObj 调用的是自己的成员变量 B。

关于成员变量隐藏注意以下几点：

(1) 隐藏成员变量时，只要同名即可，可以更改变量类型。

(2) 隐藏成员变量与是否静态无关，静态变量可以隐藏实例变量，实例变量也可以隐藏静态变量。

(3) 可以隐藏超类中的 final 成员变量。

【例 6-4】 定义一个父类 Bike，再定义两个子类 Giant 和 FeigeBike，用子类的成员变量隐藏继承的成员变量。

```
package 第六章;
class Bike {
     public static String name="自行车";
     public String color;
   }
class Giant extends Bike {
     //隐藏父类的静态成员变量
     public static String name="捷安特自行车";
     //隐藏父类的实例变量
     public String color="银色";
}
class FeigeBike extends Bike {
     //隐藏父类的静态成员变量
     public static String name="飞鸽自行车";
     //隐藏父类的实例变量
    public String color="银色";
}
```

编写测试类如下：

```
package 第六章;
public class TestBike{
   public static void main(String[] args) {
      Bike bike=new Bike();
      System.out.println(Bike.name+" "+bike.color);
      Giant bike1= new Giant ();
      System.out.println(Giant.name+" "+bike1.color);
      FeigeBike  bike2=new FeigeBike( );
      System.out.println(FeigeBike.name+" "+bike2.color);
      }
}
```

程序的运行结果如图 6-2 所示。

```
自行车 null
捷安特自行车 银色
飞鸽自行车 黑色
```

图 6-2　例 6-4 运行结果

上例中 bike1.color 是子类 Giantd 的对象 bike1 的属性 color，bike2.color 是子类 FeigeBike 的对象 bike2 的属性 color，它们都具有了自己的属性，隐藏了父类的属性。

2. 方法的重写

在 Java 中，子类可继承父类中的方法，而不需要重新编写相同的方法。但有时子类并不想原封不动地继承父类的方法，而是想做一定的修改，这就需要采用方法的重写。方法重写又称方法覆盖，若子类中的方法与父类中的某一方法具有相同的方法名、返回类型和参数表，则新方法将覆盖原有的方法。　如需父类中原有的方法，可使用 super 关键字，该关键字引用了当前类的父类。

方法重写的一些特性如下：

(1) 发生方法重写的两个方法返回值、方法名、参数列表必须完全一致（子类重写父类的方法）。

(2) 子类抛出的异常不能超过父类相应方法抛出的异常（子类异常不能大于父类异常）。

(3) 子类方法的访问级别不能低于父类相应方法的访问级别（子类访问级别不能低于父类访问级别）。

(4) 用 final 修饰的方法不能被重写。

例如，针对子类 Student，以不变的权限可以复写父类的 getInfo() 方法：

```java
public String getInfo()
    {
        // 调用父类中的 getInfo() 方法,使用 super.方法名() 的格式
        return super.getInfo()+", 学校 = "+this.school ;
    }
```

那么在 TestStudent 类可以对 Student 类对象这样输出信息：

```java
Student  s= new Student("逸凡",23,"软件学院") ;
System.out.println(s.getInfo( ));
```

这时通过 s 调用的 getInfo( ) 方法，是子类中的 getInfo( ) 方法，它已经覆盖了父类的同名方法。

6.3　对象的上转型对象

1. 上转型对象的定义

一个对象可以看做本类类型，也可以看作它的超类类型。取得一个对象的引用并将它看做超类的对象，称为向上转型。

如果 B 类是 A 类的子类或间接子类，当用 B 类创建对象 b 并将对象 b 的引用赋给 A 类对象 a 时，则称 A 类对象 a 是子类 B 对象 b 的上转型对象。如：

```java
A a;
a = new B();
```

或者

```
A a;
B b = new B();
a = b;
```

【例6-5】　定义一个父类 Dog 和它的子类 MiniDog，子类重写了父类的同名方法，并且具有自己特有的行为。

```java
package 第六章;
class Dog {
    public String getName(){
        return "Dog";
    }
    public String bark(){
        return "wang-wang";
    }
    public void call(){
        System.out.println("I'm " + getName() + " " + bark());
    }
}

class MiniDog extends Dog {
    public String getName(){
        return "Mini";
    }
    public String bark(){
        return "WOO";
    }
    public void eatMilk(){
      System.out.println( "Minidog drink milk");
    }
}
```

编写测试类：

```java
package 第六章;
public class TestDog {
    public static void main(String[] args) {
        Dog dog = new Dog();
        dog.call();
        MiniDog mini = new MiniDog();
        mini.call();                //这里调用的继承父类的 call 方法
        mini.eatMilk();
        Dog dog1=new MiniDog(); //这里 dog 就是上转型对象
        dog1.call();
        /*这里不能调用 dog1.eatMilk(),因为该上转型对象不能操作子类新增的方
        法 eatMilk()*/
        mini= (MiniDog) dog1;       //再将上转型对象 dog 强制转化为子类对象
        mini.call();
```

```
        mini.eatMilk();              //这时 mini 对象又具有 MiniDog 所有的属性和行
                                       为了

    }
}
```

```
I'm Dog wang-wang
I'm Mini WOO
Minidog drink milk
I'm Mini WOO
I'm Mini WOO
Minidog drink milk
```

图 6-3　例 6-5 运行结果

程序运行结果如图 6-3 所示。

2．上转型对象的性质

从上面的例子可以看出，对象 mini 的上转型 dog 的实体是由子类 MiniDog 创建的，但是上转型对象会失去子类的一些属性和功能。上转型对象具有以下特点：

（1）上转型对象不能操作子类新增加的成员变量，不能使用子类新增的方法，即子类失去一些属性和功能，这些属性和功能是新增的。例如，上例中上转型对象 dog1 不能调用子类的 eatMilk()方法。

（2）上转型对象可以操作子类继承或隐藏的成员变量，也可以使用子类继承的或重写的方法。即上转型对象可以操纵父类原有的属性和功能，无论这些方法是否被重写。

（3）上转型对象调用隐藏的成员变量或者被子类重写的方法时，就是调用子类的成员变量和子类重写过的方法。

（4）可以将对象的上转型对象再强制转换到一个子类对象，强制转换过的对象具有子类的所有属性和功能。例如，上例中上转型对象 dog1 强转成子类对象 mini1 后，它就可以调用 eatMilk()方法了。

6.4　多　　态

6.4.1　多态的概念

当一个类有很多子类，并且这些子类都重写了父类中的某个方法时，那么当把子类创建的对象的引用放到一个父类的对象中时，就得到了该对象的一个上转型对象，哪么这个上转的对象在调用这个方法时就可能具有多种形态，因为子类在重写父类的方法时可能产生不同的行为。多态性就是指同一个行为具有多个不同表现形式或形态的能力。从图 6-4 可以看到打印机都具有打印的功能，那彩色打印机就打印出彩色的效果，而黑白打印机则打印出的是黑白效果。

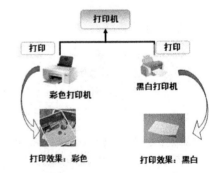

图 6-4　打印机的打印效果

6.4.2　多态的实现

实现多态需要具备 3 个条件：
（1）继承关系
（2）重写（子类重写继承父类的方法）
（3）父类引用指向子类的对象

Java 中，一个类只能有一个父类，不能多继承。一个父类可以有多个子类，而在子类里可以重写父类的方法，这样每个子类里重写的代码不一样，表现形式自然就不一样。这样用父类的变量去引用不同的子类，在调用这个相同的方法的时候得到的结果和表现形式也就不一样了，这就是多态，即相同的消息(也就是调用相同的方法)会有不同的结果。

【例 6-6】 用多态来定义图 6-4 的效果。

```java
package 第六章;
//定义一个父类 Printer
class Printer {
        public void print(){
            System.out.println("可以打印！");
    }
  }
//定义一个子类 BWPrinter 继承 Printer
class BWPrinter extends Printer{
        public void print(){        //子类重写父类的方法
            System.out.println("可以打印出黑白效果！");
    }
  }
//定义一个子类 ColorPrinter 继承 Printer
class ColorPrinter extends Printer{
        public void print(){        //子类重写父类的方法
            System.out.println("可以打印出彩色效果！");
    }
}
```

编写测试类：

```java
package 第六章;
 public class PrinterTest {
      public static void main(String[] args) {
            Printer p=new Printer();
            p.print();
            p=new ColorPrinter();        //父类指向子类的引用
            p.print();                    //表现出彩色打印机的形态
            p=new BWPrinter();            //父类指向子类的引用
            p.print();                    //表现出黑白打印机的形态
      }
}
```

程序运行结果如图 6-5 所示。

```
可以打印！
可以打印出彩色效果！
可以打印出黑白效果！
```

图 6-5 例 6-6 运行结果

6.5　用继承和多态解决引例中的问题

1. 定义父类

抽取 Java 教员类和.Net 教员类的共有属性和行为，定义它们的父类 Teacher 类。

【例 6-7】　定义一个父类 Teacher。

```
package 第六章;
public class Teacher {
    String name;        // 教员姓名
    String school;      // 所在中心
    public Teacher(String myName,
                    String mySchool) {
    name = myName;
    school = mySchool;
}

    public void giveLesson(){
    System.out.println("知识点讲解");
    System.out.println("总结提问");
}

    public void introduction() {
    System.out.println("大家 好! 我是 " + school + "的" + name
        + "。");
    }
}
```

2. 定义两个子类 JavaTeacher 和 DotNetTeacher

【例 6-8】　定义两个子类。

```
package 第六章;
public class JavaTeacher2 extends Teacher {
    public JavaTeacher2(
    String myName, String mySchool) {
    super(myName,
            mySchool);
}

    public void giveLesson(){
    System.out.println("启动 Eclipse");
    super.giveLesson();
}
}

    public class DotNetTeacher2 extends Teacher {
    public DotNetTeacher2(String myName, String mySchool) {
    super(myName, mySchool);
}
```

```
public void giveLesson(){
System.out.println("启动 Visual Studio .NET");
super.giveLesson();
}
}
```

3. 编写测试类

【例 6-9】　编写测试类。

```
package 第六章;
public class TeacherTest {
  public static void main(String[] args) {
      Teacher t;
      t=new JavaTeacher2("王明","江理工");//上转型对象
      t.introduction();
      t.giveLesson();
      t=new DotNetTeacher2("李强","江理工");   //上转型对象
      t.introduction();
      t.giveLesson();
  }
}
```

程序运行结果如图 6-6 所示。

```
大家好！我是江理工的王明。
启动Eclipse
知识点讲解
总结提问
大家好！我是江理工的李强。
启动 Visual Studio .NET
知识点讲解
总结提问
```

图 6-6　例 6-9 运行结果

从上述结果中可以看出，通过一个对象名 t 访问相同的方法，最后的结果是不一样的，这也就是多态的体现。

6.6　abstract 类和 abstract 方法

我们知道，在面向对象的概念中，所有的对象都是通过类来描绘的。但是反过来却不是这样，并不是所有的类都是用来描绘对象的。如果一个类中没有包含足够的信息来描绘一个具体的对象，这样的类就是抽象类（abstract 类）。抽象类往往用来表征我们在对问题领域进行分析、设计中得出的抽象概念，是对一系列看上去不同，但是本质上相同的具体概念的抽象。

例如，花对于月季花、牡丹花、玫瑰花、梅花等就是个抽象的概念。花都有开花期，而上述月季、牡丹、玫瑰等花的开花期都不一样。所以花类的开花期 getFlowerDate()方法也是个抽象的方法。所以花这个类就可以定义为一个抽象类。

1.　abstract 类

使用 abstract 修饰的类为抽象类。

格式：

```
abstract class 类名 {…}
```

举例：

```
abstract class Flower {…}
abstract class Animal {…}
```

在面向对象领域，抽象类主要用来进行类型隐藏。我们可以构造出固定的一组行为的抽象描述，但是这组行为却能够有任意个可能的具体实现方式。这个抽象描述就是抽象类，而这一组任意个可能的具体实现则表现为所有可能的派生类。

注意：含有抽象方法的类必须被定义为抽象类，即抽象类至少含有一个抽象方法。抽象类不能实例化，所以声明的抽象类引用总是指向一个它的一个扩展类对象（子类对象）。

2.　abstract 方法

使用 abstract 关键字来修饰的方法为抽象方法，该方法没有方法体。

格式：

```
abstract 返回值类型 方法名(参数列表);
```

举例：

```
public abstract int getNum();
public abstract void setNum(int i);
public abstract String getSub(int i,int j);
```

注意：抽象方法必须被子类实现才可使用，抽象方法如同方法占位符，当一个类继承了抽象类的时候，需要把超类中抽象方法实现才可以调用该方法。

3.　抽象类的使用

【例 6-10】　举例说明抽象类是如何使用的。

```
package 第六章;
 /*定义 Person 抽象类
 该 Person 包含一个 getDescription 抽象方法
 为了突出抽象类和抽象方法，属性字段没有设置为私有
 */
abstract class Person
{
     String name;
     int age;
     public abstract String getDescription();
}
class Student extends Person    //Student 类继承抽象的 Person 类
 {
```

```
    private int grade;
    Student(String name,int age,int grade)
    {
        this.name=name; this.age=age; this.grade=grade;
    }
/*Student 类实现 getDescripition()方法*/
    public String getDescription()
    {
        return "姓名:"+name+"\n 年龄:"+age+"\n 年级:"+grade;
    }
}
class Worker extends Person //Worker 类继承抽象 Person 类
{
    private int workage;
    Worker (String name,int age,int workage)
    {
        this.name=name; this.age=age; this.workage=workage;
    }
/*Worker 类实现 getDescription()方法*/
    public String getDescription()
    {
        return "姓名:"+name+"\n 年龄: "+age+"\n 工龄:" + workage;
    }
}
```

编写测试类:

```
package 第六章;
public class PersonTest
{
    public static void main(String args[ ])
    {
    // Person p = new Person() ; 抽象类不能实例化
    Person p1 = new Student("joe",12,6);
    Person p2 = new Worker("ice",26,3);
    System.out.println(p1.getDescription());
    System.out.println(p2.getDescription());
}
}
```

程序运行结果如图 6-7 所示。

图 6-7　例 6-10 运行结果

在上面 Java 抽象类应用举例中，我们定义了一个抽象类 Person，在抽象类 Person 类中我们声明了一个方法 getDescription()用来返回 String 类型的关于 Person 的具体描述。该 getDescription()方法由 abstract 关键字描述，说明它是一个抽象方法。该 getDescription()方法返回一个 String 类型，用来取得某个人的具体描述信息。接下来我们定义了两个类：Student 类和 Worker 类，Student 类和 Worker 类都继承了 Person 类，并且分别实现了 Person 类中抽象的 getDescription()方法，让它返回学生和工人不同的特征的描述。

最后定义了个 PersonTest 类，在 main()方法中分别创建了一个 Student 类的实例对象 p1 和一个 Worker 类的实例对象 p2，并且给他了一个 Person 类的引用（多态），然后分别在屏幕打印出 p1 和 p2 的 getDescription()方法返回的人物描述得到的结果。

读者可以根据此例设计抽象类 Flower（包含抽象方法 getFlowerDate），再定义两个类：月季花类和牡丹花类，实现 Flower 类。

6.7　接　　口

与 C++不同，Java 并不支持多重继承。多重继承是指一个类可以继承多个类，也就是一个类可以有多个直接父类。Java 的设计者认为多重继承会使得类的关系过于混乱，所以 Java 并不支持。取消了多重继承使得 Java 中类的层次更加清晰，但是在需要复杂问题时却显得力不从心，于是 Java 引入了接口来弥补这个不足。

6.7.1　接口的声明与使用

接口（interface）比抽象（abstract）的概念向前更迈进了一步。可以将它看作是"纯粹的"抽象类。

1. 接口的定义

Java 使用 interface 来定义一个接口。接口的定义和类的定义很相似，分为接口的声明和接口体。形式如下：

```
修饰符 interface 接口名
 {//声明变量
  类型 变量名；
  ……
  //声明方法
  返回值类型 方法名（ ）；
  ……
 }
```

注意，所有定义在接口中的常量都默认为 public、static 和 final。所有定义在接口中的方法默认为 public 和 abstract，所以不用修饰符限定它们。和类不同的是，一个接口可以继承多个父接口。

它允许类的创建者为一个类建立其形式：有方法名、参数列表和返回类型，但是没有任何方法体。接口也可以包含数据成员，也就是说接口只提供了形式，而未提供任何具体实现。接口是方法和常量值的定义的集合。

例 6-11 是一个定义图形接口的例子。该例中，接口 IShape 有两个抽象方法 draw()和 getArea()，但是并没有如何画一个图以及求该图形的面积的方法。

【例 6-11】　定义一个图形的接口。

```
public interface IShape{
    //画出自己
    void draw();
    //得到面积
    double getArea();
}
```

2. 接口的实现

接口的实现是指具体实现接口的类。接口的声明仅仅给出了抽象方法，相当于事先定义了程序的框架。实现接口的类必须实现接口中定义的方法。实现接口的形式如下：

```
class  类名 implements 接口 1,接口 2
{
  方法 1( ){
  ...//方法体
  }
  方法 2( ){
  ...//方法体
  }
}
```

由关键字 implements 表示实现的接口，多个接口之间用逗号隔开。多个无关的类可实现同一个接口，一个类可实现多个无关的接口。在 Java 中，可以通过接口来模拟多继承。实现接口需要注意以下几点。

(1)如果实现某接口的类不是 abstract 类，则在类的定义部分必须实现指定接口的所有抽象方法，而且方法头部分应该与接口中的定义完全一致。

(2)如果实现某接口的类是 abstract 类，则它可以不实现该接口所有的方法。

(3)接口的抽象方法的访问控制符都已指定为 public，因此，类在实现方法时，必须显式地使用 public 修饰符，否则，将缩小接口定义方法的访问控制范围。

【例 6-12】　用 Circle 类实现接口 IShape。

```
package 第六章;
public class Circle implements IShape{
        private double r;
            public Circle(double r) {
            this.r = r;
        }
        public double getR() {
            return r;
        }
        public void setR(double r) {
            this.r = r;
        }
```

```
public void draw(){
                System.out.println("draw a circle....");
    }
public double getArea(){
                return 3.14*r*r;
 }
public static void main(String args[ ]){
    IShape shape=new Circle(3.5);
    shape.draw();
    System.out.println("它的面积是"+shape.getArea());
 }
}
```

程序运行结果如图 6-8 所示。

图 6-8　例 6-12 运行结果

上例中，Circle 类实现了接口 IShape，即实现了 IShape 的所有抽象的方法 draw()和 getArea()。

3. 接口的意义

抽象类主要用于模板操作，而接口实际上是作为一个标准存在的。

就拿电脑的 USB 接口来说，电脑厂商在生产电脑的时候，他知道用户用这个 USB 接口干什么吗？他不知道，他给你这个 USB 接口，这个 USB 接口能起到什么作用呢？而且用户需要用这个 USB 接口做什么生产的厂商是不管的，他只要给用户这个 USB 接口就可以了。目前有很多的设备都可以连接到电脑的 USB 接口上来使用(如：打印、充电、数据传输等)。

【例 6-13】　定义 USB 的接口标准，再定义一个 U 盘类和 Printer 打印机类，实现 USB 的接口。

```
package 第六章;
interface USB{
    public void start();    //开始工作
    public void stop();     //结束工作
}
class U  implements USB{
    public void start(){
        System.out.println("U 盘开始工作");
    }
    public void stop(){
        System.out.println("U 盘停止工作");
    }
}
class Print implements USB{
    public void start(){
        System.out.println("打印机开始工作");
    }
    public void stop(){
        System.out.println("打印机停止工作");
    }
}
```

6.7.2　接口回调

接口回调是指：可以把实现某一接口的类创建的对象的引用赋给该接口声明的接口变量。那么该接口变量就可以调用被类实现的接口中的方法。实际上，当接口变量调用被类实现的接口中的方法时，就是通知相应的对象调用接口的方法。

看下面的例子。

【例6-14】　一个接口回调的例子。

```
package 第六章;
interface People{
    void peopleList();
}
class Student implements People{
    public void peopleList(){
    System.out.println("I'm a student.");
}
}
class Teacher implements People{
    public void peopleList(){
    System.out.println("I'm a teacher.");
}
}
```

编写测试类：

```
public class Example{
  public static void main(String args[]){
  People a;                  //声明接口变量
  a=new Student();           //实例化，接口变量中存放 Student 对象的引用
  a.peopleList();            //接口回调
  a=new Teacher();           //实例化，接口变量中存放 Teacher 对象的引用
  a.peopleList();            //接口回调
}
}
```

结果如下：

```
I'm a student.
I'm a teacher.
```

接口回调类似于前面讲的向上转型。使用接口的根本原因是能够向上转型为多个基类型。即利用接口的多实现，可向上转型为多个接口基类型，从而实现了某接口的对象，得到对此接口的引用，与向上转型为这个对象的基类，实质上效果是一样的。这两个概念是从两个方面来解释一个行为。接口回调的概念强调使用接口来实现回调对象方法使用权的功能，而向上转型则涉及多态的范畴。

6.7.3　接口做参数

如果一个方法的参数是接口类型，就可以将任何实现该接口类的实例的引用传递给该接口参数，那么接口参数就可以回调类实现的接口的方法。

【例 6-15】 在例 6-13 中定义了接口 USB，把这个接口安装在电脑上，然后在 USB口上插上 U 盘或者打印机。

```
package 第六章;
class Computer{
    public static void plugin(USB usb){    //接口变量做参数
    usb.start();
    usb.stop();
    }
}
public class TestUSB{
    public static void main(String args[]){
    Computer.plugin(new U());
    Computer.plugin(new Print());
    }
    }
```

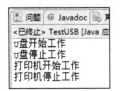

图 6-9   例 6-15 运行结果

程序运行结果如图 6-9 所示。

在执行 Computer.plugin(new U())时，就把 U 类的一个实例对象传给了接口变量的形参 usb，这也是接口回调。

将方法的参数设定为接口类型，这有特殊的重要意义。因为这样对于任意类型的对象来说，只要对象所属的类型实现了一个接口，指向类对象的引用就都能作为参数传入方法中。将参数设定为接口类型，实际上意味着方法只对接口方法感兴趣。只要对象所属的类型实现了这些方法，这个对象就可以作为参数被方法接收。

6.8   综合案例——工作汇报问题

运用本章所学的内容完成下面的案例：

【例 6-16】 每个老板手下都有多个工人，老板会安排工人干不同的工作，老板要求工人一干完活就要通知他干的情况如何。这实际上是一个典型的回调问题。

1. 分析与实现

首先定义一个工作事件的接口 Event，它能返回完成工作后的信息 String happendEvent()。用不同工作事件 EventA 和 EventB 实现这个接口，每个事件重写完成工作后要返回的信息 String happendEvent()。Java 实现如下：

```
public interface Event {
    public String happendEvent();
}
public class EventA implements Event {
    public String happendEvent() {
    return "完成了水电的工作！";
}
```

```
}
public class EventB implements Event{
    public String happendEvent() {
    return "完成了瓦工的工作！";
}
}
```

再来分析工人的特征和行为：工人都有姓名 name、所属的老板 boss 以及他所承担的工作 event；工人都要干活 doWork()，而且干完活要立即要老板汇报。定义一个 Worker 类，编码实现如下：

```
public class Worker {
    private String name;     //工人姓名
    private Event event;     //事件
    private Boss boss;        //工人所属的老板
    public Worker(String name, Boss boss) {
        this.name = name;
        this.boss = boss;
    }
//用 doWork()模拟工人工作的过程和结束后向老板汇报的情况
    public void doWork() {
        System.out.println(name + " is doing working...");
            //工人挺辛苦，干着重复的工作
            for (int i = 0; i < 2000000; i++) {
                int x = i / 234 + 234;
            }
            System.out.println(name + " was finished work.");
            //向老板说明发生的情况
            boss.getWorkerEvent(this, event);
    }
    public String getName() {
        return name;
    }
    public void setName(String name) {
        this.name = name;
    }
    public Event getEvent() {
        return event;
    }
    public void setEvent(Event event) {
        this.event = event;
    }
}
```

对于老板来说，他的属性有姓名 name，还有一个行为是能够接收每个工人发送过来的信息 getWorkerEvent()。编写 Boss 类，编码实现如下：

```
public class Boss {
    private String name;
```

```
    public Boss(String name) {
        this.name = name;
    }
/*下面的行为方法 getWorkerEvent 的第二个参数 event 是接口类型，这里就是一个接口回调
的典型应用*/
    public void getWorkerEvent(Worker worker, Event event) {
     System.out.println(name+"接收到事件信息： "+worker.getName() + ": " +
event.happendEvent());
    }
}
```

2. 测试

下面编写一个测试类：王老板有两个工人张三和李四，张三被分配干水电工的工作，李四被分配干瓦匠的工作，两人干完后都要向老板汇报情况。编码实现如下：

```
public class Test {
    public static void main(String args[]){
        //初始化老板和工人
        Boss boss = new Boss("王老板");
        Worker worker1= new Worker("张三",boss);
        Worker worker2= new Worker("李四",boss);
        //设置两个事件
        Event event1 = new EventA();
        Event event2 = new EventB();
        //事件是工人发出的
        worker1.setEvent(event1);
        worker2.setEvent(event2);
        //工人干活，干完了通知老板干的情况如何
        worker1.doWork();
        worker2.doWork();
    }
}
```

运行结果如图 6-10 所示。

```
张三 is doing working...
张三 has finished work.
王老板接收到事件信息：张三完成了水电的工作！
李四 is doing working...
李四 has finished work.
王老板接收到事件信息：李四完成了瓦工的工作！
```

图 6-10   例 6-16 运行结果

工人干活完成后，自动将发生的事件汇报给老板。

小　结

继承是面向对象程序设计的一个重要特征，它允许在现有类的基础上创建新类，新类从现有类中继承类成员，而且可以重新定义或加入新的成员，从而形成类的层次或等级。Java 中使用 extends 指明类的继承关系。

使用 abstract 关键字来修饰的类，称为抽象类。抽象类不能建立实例，抽象类可以包含抽象方法，也可以不包含抽象方法。凡是包含抽象方法的类必须定义成抽象的类。

接口是一种与类相似的结构，只包含常量和抽象方法。接口在许多方面和抽象类相近，但抽象类除了可以包含常量和抽象方法外，还可以包含变量和具体方法。

多态性是指允许不同类的对象对同一消息做出不同的响应。它通过将下属类（子类或实现接口的类）对象的引用赋值给接口变量或父类变量来实现动态方法调用。

继承、多态和封装是 Java 面向对象的三大特征，它们是面向对象程序开发的重要环节，如果在程序中使用得当，能将整个程序的架构变得非常有弹性，同时可以减少代码的冗余。继承机制的使用可以复用一些定义好的类，减少重复代码的编写。多态机制可以动态调整对象的调用，降低对象之间的依存关系。同时为了优化继承与多态，一些类除了继承父类以外还使用接口的形式，Java 中的类可以同时实现多个接口，接口被用来建立类与类之间关联的标准。这些机制的使用使 Java 语言更具有生命力。

习　　题

6-1　什么是继承？String 类是否可以继承？

6-2　什么是抽象类？什么是接口？接口与抽象类有什么不同？

6-3　什么是多态性？Java 是如何实现多态的？多态性的作用是什么？

6-4　定义父类 Employee，包含属性：name、sex，带一个构造方法 Employee(String n, char s)。定义一个子类 Worker 继承自 Employee，包含属性：char category（类别）和 boolean dressAllowance（是否提供服装津贴），有一个构造方法，负责构造生成所有属性，还有一个自定义方法 isDressAll()，这个方法负责通过判断 dressAllowance 的值输出是否提供服装津贴。新建一个测试类 InheDemo，在 main 方法中新建一个 Worker 对象，输出这个对象的所有属性，并调用 isDressAll()方法得到津贴信息。

6-5　使用多态技术计算各种图形的面积（图形类不少于两个）。

第7章 异常与内部类

【知识要点】

> 异常的概念
> Java 中异常的分类
> 异常处理机制（try...catch...）
> throw 和 throws 关键字
> 自定义异常
> 内部类的概念
> 匿名内部类

生活当中，我们经常会遇到一些意想不到的情况，如果我们事先对有可能发生的各种情况做出预判，一旦发生意外我们就可以从容不迫地处理好问题。Java 也不例外，在程序运行的过程中也可能会有一些异常发生，那么 Java 是怎么应对的呢？

7.1 引例——发生异常的一个小程序

【引例】 一个发生异常的小程序。

【例 7-1】 一个发生异常的小程序清单。

```
package 第七章;
public class ExceptionDemo{
        public static void main(String[] args){
        int i=10;
        int j=0;
        int temp=i/j;      //出现异常
        System.out.println("两个数字相除结果: "+temp);
        System.out.println("****计算结束****");
    }
}
```

运行结果如图 7-1 所示。

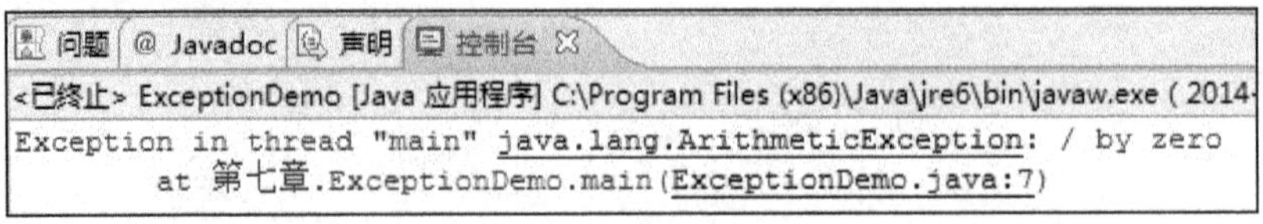

```
问题  @ Javadoc  声明  控制台
<已终止> ExceptionDemo [Java 应用程序] C:\Program Files (x86)\Java\jre6\bin\javaw.exe ( 2014-
Exception in thread "main" java.lang.ArithmeticException: / by zero
        at 第七章.ExceptionDemo.main(ExceptionDemo.java:7)
```

图 7-1 例 7-1 运行结果

【案例描述】 上例程序由于在运行过程中出现了异常而导致非正常终止。

【**案例分析**】　异常就是程序在运行时出现的不正常情况，我们写的程序不可能一帆风顺，若产生异常，却没进行正确的处理，则可能导致程序的中断，造成损失。所以我们在开发中要考虑到各种异常的发生，并对其作出正确的处理，确保程序的正常执行。

异常处理就像在学校中老师批改作业一样，通常要指出学生所犯的错误。指出错误可能是准确地指出错误，也可能是给出一个错误范围，让学生在这个范围中自己查找。在 Java 中，异常处理也是这样的，通过异常处理来指出程序中的错误，可以给出一个具体异常，也可以给出一个异常范围。在本章中就来学习如何进行异常处理。

7.2　异　常　处　理

7.2.1　Java 的出错类型

如图 7-2 所示的 Java 异常类型从大的角度将异常分为捕获异常和未捕获异常两类。在 Java 类库中有一个叫作 Throwable 类，该类继承于 Object 类。所有的异常类都是继承 Throwable 类，Throwable 类有两个直接子类，Error 类和 Exception 类。Exception 和 Error 的子类名大都是以父类名作为后缀。Java 在设计异常体系时，将容易出现的异常情况都封装成了对象。

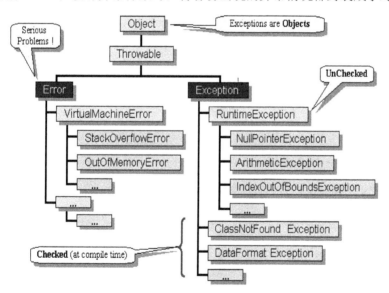

图 7-2　Java 的异常类型

对于 Error 类的异常通常指 JVM 出现重大问题，如：运行的类不存在或者内存溢出等。不需要编写针对代码对其处理，程序无法处理。Exception 类异常是指在运行时运行出现的一些情况，可以通过 try-catch-finally 处理。在 Exception 类中又有一个 RuntimeException 子类，这类异常在编译时不被检测，可以不使用捕获处理，但一旦出现异常就将由 JVM 处理，例如例 7-1。在 Exception 类中，除去 RuntimeException 类的直接和间接子类以外都是在编译时被检测的，在程序中必须使用 try-catch 处理。

Runtime 异常是指因设计或实现方式不当而导致的问题。说白了，就是程序员造成的，程序员若小心谨慎就完全可以避免异常。比如，事先判断对象是否为 null 就可以避免

NullPointerException 异常，事先检查除数不为 0 就可以避免 Arithmetic Exception 异常。这种异常 Java 编译器不会检查它，也就说程序中出现这类异常的时候，即使不处理也没有问题，但是一旦出现异常，程序将异常终止，若采用异常处理，则会被相应的程序执行处理。

除了 RuntimeException 以及子类，其他的 Exception 及其子类都是受检查异常，也可以称为非 RuntimeException 异常。这类异常 Java 编译器会检查它，也就说程序中一旦出现这类异常，要么是用 try-catch 语句捕获，要么用 throws 语句声明抛出它，否则无法编译通过，也就是说这种异常，程序要求必须处理。

图 7-2 中 Exception 派生的这些子类都是系统事先定义好并包含在 Java 类库中的，系统定义的异常对应着一些系统错误，如中断、文件没找到等错误。表 7-1 列举了一些常见的系统异常类。

表 7-1 常见的系统异常类

异常类名称	异常类含义
ArithmeticException	算术异常类
ArrayIndexOutOfBoundsException	数组下标越界异常类
ArrayStoreException	将与数组类型不兼容的值赋值给数组元素时抛出的异常
ClassCastException	类型强制转换异常类
ClassNotFoundException	未找到相应类异常
EOFException	文件已结束异常类
FileNotFoundException	文件未找到异常类
IOException	输入输出异常类
NegativeArraySizeException	建立元素个数为负数的数组异常类
NullPointerException	空指针异常类
NumberFormatException	字符串转换为数字异常类
SQLException	操作数据库异常类
StringIndexOutOfBoundsException	字符串索引超出范围异常

7.2.2 用异常处理机制解决引例中程序非正常结束的问题

Java 异常的处理采用一个统一的和相对简单的抛出和处理错误的机制。如果一个方法本身可能引发异常，当调用该方法出现异常时，调用者可以捕获异常使其得到处理，也可以回避异常，抛给调用程序，这时异常将在调用的堆栈中向下传递，直到被处理。

利用 try…catch 捕获异常处理的格式如下：

```
try{
    … // 程序块
    }catch (异常类  对象名称){
        … // 异常发生时的处理语句
    }finally{
        … //无论出现异常否都要执行的代码
    }
```

【例 7-2】 从键盘上读入一个字符并显示。

```
package 第七章;
import java.io.IOException;
```

```
public class InputTest {
    public static void main(String[] args) {
        try{
            int x=System.in.read();
            System.out.println((char)x);
        }catch(IOException ex){
            ex.printStackTrace();
        }
    }
}
```

在上面这个程序中，System.in.read()的这条语句本身可能引发 IOException 异常，而这类异常程序要求必须处理，这里用 try-catch 语句进行捕获。

(1)try 程序块若有异常发生时，程序的运行便中断，并抛出"异常类所产生的对象"。

(2)抛出的对象如果属于 catch 括号内欲捕获的异常类，则 catch 会捕获此异常，然后进入 catch 的块里继续运行。

(3)无论 try 程序块是否捕获到异常，或者捕获到的异常是否与 catch()括号里的异常相同，最后一定会运行 finally 块里的程序代码。

(4)在 try 块之后，可能有许多 catch 块，每一个都捕获不同的异常并进行处理。捕获的顺序和 catch 语句的顺序有关，当捕获到一个异常时，剩下的 catch 语句就不再进行匹配。因此，在安排 catch 语句的顺序时，首先应该捕获子类异常，然后再逐步一般化捕获父类异常。

(5)finally 的程序代码块运行结束后，程序继续执行 try…catch…finally 块之后的代码。

(6)finally 块是可以省略的。如果省略了 finally 块不写，则在 catch()块运行结束后，程序跳到 try…catch…块之后继续执行。

【例 7-3】　解决引例中的程序非正常结束的问题，并对异常进行分析。

```
package 第七章;
public class Exanple_exception {
    public static void main (String[] args) throws Exception{
        try{
            Scanner scanner=new Scanner(System.in);
            int a=scanner.nextInt();
            int b=scanner.nextInt();
            int c[]={5,6,7,8,9};
            System.out.println(26/a);
            System.out.println(c[b]);
        }
        catch(ArithmeticException ex1){
            System.out.println("被零除："+ex1);
            throw ex1;
        }
        catch(ArrayIndexOutOfBoundsException ex2){
            System.out.println("数组下标越界："+ex2);
        }
        finally{
```

```
                System.out.println("肯定会执行的语句！");
        }
        System.out.println("主程序正常结束！");
    }
}
```

运行此程序，如果输入 0 和 1，结果如图 7-3 所示。

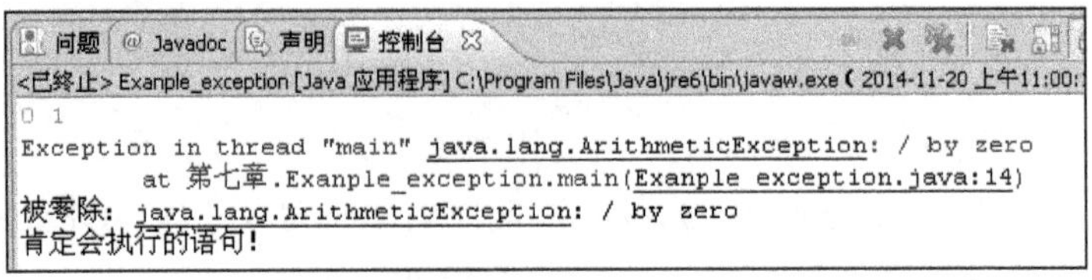

图 7-3　输入 0 和 1 时例 7-3 运行结果

如果输入 1 和 6，结果如图 7-4 所示。

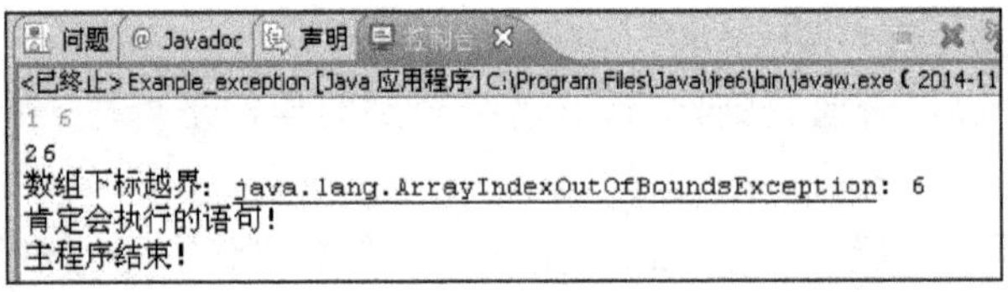

图 7-4　输入 1 和 6 时例 7-3 运行结果

从上例可以看出，当有多个 catch 时，只会匹配其中一个异常类并执行 catch 块代码，而不会执行别的 catch 块，并且匹配 catch 语句的顺序是由上到下；当异常发生时，匹配的 catch 中如果抛出异常，finally 之外的语句将不能被执行。如果 finally 中抛出异常，finally 之外有语句会出现编译错误。

7.2.3　throw 和 throws 语句

1．抛出异常

一个异常对象可以由 Java 虚拟机抛出，也可以由程序主动抛出。如果在产生方法中不能确切知道该如何处理所产生的异常，可以将异常交给调用它的方法，为此要抛出异常。抛出异常涉及两个关键字，即 throw 和 throws。

在程序运行中抛出异常时，通过关键字 throw 声明可能发生的异常，其一般形式为：

```
throw new Exception();
```

抛出异常的条件可以通过 if 语句实现，当满足特定条件时则抛出异常；也可以作为异常的参数传入。如果抛出了检查异常，则还应该在方法头部声明方法可能抛出的异常类型。该方法的调用者也必须捕获处理抛出的异常。如果抛出的是运行异常，则该方法的调用者可以捕获异常，也可以不捕获异常。

2．声明抛出异常的类型

在成员方法首部抛出异常时，通过关键字 throws 声明方法中所有可能发生的已检查异常，多个异常之间通过逗号隔开。其一般形式为：

```
Type  methodname(parameter list)throws exception 1, exception 2, …, exception n
{ }
```

当调用这种方法时，调用者则必须捕获异常。

【例 7-4】 创建 People 类，该类中的 check()方法首先将传递进来的 String 类型的参数转换成 int，检查 int 型整数是否为负数，若为负数则抛出异常；然后在该类的 main()方法中捕获异常并处理。

```
package 第七章;
public class People {
int age;
public int check(String  str) throws Exception{
    age=Integer.parseInt(str);
    if(age<0)
        throw new Exception("年龄不能为负数！");
    return age;
}
public static void main(String[] args) {
    People p=new People();
    //由于下面调用可能抛出异常的方法 check(),因此需要用 try…catch…捕获
    try{
        int myage=p.check("- 45");
        System.out.println(myage);
    }catch(Exception e){
        System.out.println("数据逻辑错误！");
        System.out.println("原因："+e.getMessage());
    }
 }
}
```

程序运行结果如图 7-5 所示。

图 7-5 例 7-4 运行结果

7.3 自定义异常

虽然 Java 类库提供了十分丰富的异常类，可以描述在编写程序时出现的大部分异常情况，但由于程序的复杂性，有时需要创建自己的异常类，用来描述 Java 类库异常类所不能描述的一些特殊情况。自定义异常类必须继承自 Throwable 类，通常是继承 Throwable 的子类 Exception 类或 Exception 类的子孙类。

【例 7-5】 定义异常类 AgeException，当年龄出现异常时，抛出 AgeException 对象。

```
package 第七章;
public class AgeException extends Exception{
```

```java
    private String message;
    public AgeException(int age){
        message="年龄"+age+"不合理! ";
    }
    public AgeException(){
        super("年龄异常! ");
    }
    public String toString(){
        return message;
    }
}

package 第七章;
public class Student {
private int age;
    public int getAge() {
        System.out.print("年龄合理! ");
        return age;
    }

    public void setAge(int age) throws AgeException{
        if((age>50)||(age<10)) throw new AgeException(age);
        else
            this.age=age;
    }
}

package 第七章;
public class StudentAgeExceptionTest {
    public static void main(String[] args) {
        Student s1=new Student();
        Student s2=new Student();
        try{
            s1.setAge(25);
            System.out.println(s1.getAge());
        }
        catch(AgeException e){
            System.out.println(e.toString());
        }
        try{
            s2.setAge(100);
            System.out.println(s2.getAge());
        }
        catch(AgeException e){
            System.out.println(e.toString());
        }
    }
}
```

程序运行结果如图 7-6 所示。

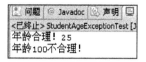

图 7-6　例 7-5 运行结果

使用自定义的异常类的最大优点就是当开发人员需要自己开发实现某些规则、功能的代码时，一旦情况不满足要求，可以向外抛出自己的异常。这对调用者而言非常方便，提高了程序的健壮性与代码的可读性，这种开发方式可以一劳永逸。

7.4　内　部　类

7.4.1　内部类的概念

在其他类中再定义的类称为内部类，内部类具有独立的命名空间，因此内部类中的成员变量和成员方法允许与外部类中的相同。由于内部类处于外围类的内部，因此在内部类中可以随意使用外部类的成员方法以及成员变量，哪怕这些类成员被修饰为 private。

声明内部类如同在类中声明方法或成员变量一样，一个类把内部类看作自己的成员。内部类的类体中不可以声明类变量和类方法。外部类的类体中可以用内部类声明对象，作为外部类的成员。

下面的例子中给出了内部类的用法。

【例 7-6】　创建成员内部类的实例对象。

```java
package 第七章;
public class OuterClass{
    private int x;
    InnerClass in=new  InnerClass();
    public void ouf(){
        in.inf();
        }
    class InnerClass{
        int y=x+2;          //可以直接访问外部类的私有成员
        public void inf(){
            }
        }
    public InnerClass doit(){
    in.y=in.y+2;
    return in;
    }
    public static void main(String args[]){
    OuterClass out=new OuterClass();
    System.out.println(out.in.y);
    out.in=out.doit();
    System.out.println(out.in.y);
```

```
        }
}
```

程序运行结果如图 7-7 所示。

```
<已终止> OuterClass [Ja
2
4
```

图 7-7　例 7-6 运行结果

从上例可以看出，只有创建了成员内部类的实例对象，才能使用成员内部类的变量和方法。

7.4.2　匿名内部类

匿名内部类是一种特殊的局部内部类，它在定义时没有名字。匿名类的定义格式如下：

```
new 类名或接口名() {
    匿名类的类体
}
```

当使用类创建对象时，Java 允许直接用类名或者接口名加上一个类体创建一个匿名对象。此类体被认为是该类(或者接口)的一个子类去掉类声明后的类体，或者被认为实现了该接口的类去掉类声明后的类体。

【例 7-7】　继承式的匿名内部类举例。

```
package 第七章;
public class Car {
        public void drive(){
                System.out.println("Driving a Car!");
        }
}


package 第七章;
public class TestCar {
    public static void main(String[] args) {
        Car car=new Car(){       //创建一个匿名内部类(Car 的子类)的对象
            //子类重新父类 Car 的 drive()方法
            public void drive(){
            System.out.println("Driving another Car!");
            }
        };
        car.drive();
    }
}
```

程序运行结果如图 7-8 所示。

上例中，相当于创建了一个 Car 的子类(该子类没有名称)，它重写了 drive()方法，car.drive()就调用了被子类重写的 drive()方法。

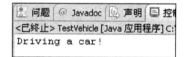

图 7-8　例 7-7 运行结果

【例 7-8】　接口式的匿名内部类举例。

```
package 第七章;
public interface Vehicle {
        public void drive();
}


package 第七章;
public class TestVehicle {
    public static void main(String[] args) {
        Vehicle v = new Vehicle(){
            public void drive(){
                System.out.println("Driving a car!");
            }
        };
        v.drive();
    }
}
```

程序运行结果如图 7-9 所示。

上例的执行原理同例 7-7。

对于临时创建的实例，且该实例不希望被类的使用者关注，这时可以使用匿名内部类。匿名内部类的存在前提

图 7-9　例 7-8 运行结果

有两种：一是已知该类型的父类，二是已知该类型的接口标准。假如需要一个对象，但其所需的类过于简单，或者由于它只在一个方法内部使用，这时匿名内部类就会很有用。在后面的 Swing 应用中，匿名类尤其适合在快速创建事件处理时使用。

7.5　综合案例——取钱

生活中我们经常会发生一些意外。在刚上大学的时候，很多同学由于用钱没有计划而发生一些小尴尬，逸凡也不例外。一次逸凡去 ATM 机上取 200 块钱，被告知卡里余额已经不足了。下面我们就用本章的知识来模拟这个过程。

【例 7-9】　定义一个银行类，若取钱数小于余额时取款成功；反之，若取钱数大于余额时需要做异常处理。

1. 分析与实现

当取钱余额不足时要在取钱(withdrawal)方法中抛出一个异常类对象,所以我们先定义一个异常类 InsufficientFundsException。该异常类的具体编码实现如下：

```
package 第七章;
```

```java
class InsufficientFundsException extends Exception{
        private Bank  excepbank;          // 银行对象
        private double excepAmount;       // 要取的钱
        InsufficientFundsException(Bank ba, double  dAmount)
        { excepbank=ba;
          excepAmount=dAmount;
        }
        public String excepMessage(){
                String  str="The balance is"+excepbank.balance
                          + "\n"+"The withdrawal was"+excepAmount;
                return str;
        }
    }
```

现在来设计实现银行类 Bank，每一个银行类的对象都应当有存钱 deposite()和取钱 withdrawal()以及查询余额 showBalance()的功能。在取钱的行为 withdrawal()发生时，如果余额不足该方法将会抛出一个 insufficientFundsException 异常类对象。该类的具体编码如下所示：

```java
package 第七章;
class Bank{
        double balance;   // 存款数
        Bank(double  balance){
            this.balance=balance;
            }
        //定义存款行为，存入金额 dAmount
        public void deposite(double dAmount){
            if(dAmount>0.0) balance+=dAmount;
        }
        //定义取款行为，取出金额 dAmount
        public void withdrawal(double dAmount)
                    throws  InsufficientFundsException{
            if (balance<dAmount)
              throw new InsufficientFundsException(this, dAmount);
            balance=balance-dAmount;
        }
        //查询账户余额
        public void showBalance(){
        System.out.println("The balance is "+(int)balance);
        }
```

2. 测试

假设逸凡的银行账户的余额有 100 元，他想取出 200 元。编写测试类 EceptionDemo 模拟这个过程，具体代码实现如下：

```java
package 第七章;
public class ExceptionDemo{
        public static void main(String args[]){
```

```
            try{
                Bank ba=new Bank(100);  //新建一个银行类对象，余额 100 元
                ba.withdrawal(200);     //从该账户里取 200 元
                System.out.println("Withdrawal successful!");
            }
            catch(InsufficientFundsException e) {
                System.out.println(e.toString());
                System.out.println(e.excepMessage()); //输出异常信息
            }
        }
}
```

程序运行结果如图 7-10 所示。

```
a.InsufficientFundsException
The balance is 100.0
The withdrawal was 200.0
```

图 7-10　例 7-9 运行结果

小　　结

异常是程序运行时产生的错误，Java 语言提供了独特的异常处理机制，为程序的健壮性提供了保证。

异常处理能够使一个方法给它的调用者抛出一个异常。Java 的异常类从哪里来?有两个来源，一是 Java 语言本身提供了大量预定义的基本异常类型，例如 Error、Exception、RuntimeException、ClassnotFoundException、NullPointerException 和 ArithmeticException；二是用户通过扩展 Exception 类或者其子类来定义自己的异常类。

异常发生在一个方法的执行过程中，除了 RuntimeException 和 Error 是免检异常以外，其他所有的异常都是必检的。当声明一个方法时，如果这个方法可能抛出一个必检异常，则必须声明为必检异常。声明异常的关键字是 throws，而抛出异常的关键字是 throw。

当异常发生时，对于免检异常，交由 Java 的默认异常机制去处理，而对于必检异常，则由 try-catch-finally 组成的程序块来处理。

内部类是指在一个外部类的内部再定义一个类，内部类作为外部类的一个成员，它是依附于外部类而存在的。一个内部类的对象能够访问创建它的对象的实现，包括私有数据。对于同一个包中的其他类来说，内部类能够隐藏起来。

匿名内部类可以很方便地定义回调。使用内部类可以非常方便地编写事件驱动程序。

习　　题

7-1　编写如下异常类：
空异常，年龄低异常，年龄高异常，工资低异常，工资高异常，身份证非法异常。
7-2　编写一个员工类。

(1) 有如下属性：编号，姓名，年龄，工资，身份证号码，员工人数，员工工资总额。

(2) 有如下构造器。

构造器 1：设置编号，年龄，姓名；如果年龄小于 18，抛出年龄低异常；如果年龄大于 60 抛出年龄高异常；如果姓名为 null 或为空字符串，抛出空异常。

构造器 2：设置工资，设置身份证号码；如果工资低于 600，抛出工资低异常。

(3) 有以下方法：

增加工资 addSalary（double addSalary），抛出工资高异常，当增加后的工资大于员工工资总额时，抛出此异常。

减少工资 minusSalary（double minusSalary），抛出工资低异常，当减少后的工资低于政府最低工资时，抛出工资低异常。

显示员工工资总额方法 showTotalSalary（），抛出空异常，当工资总额为 0 时，抛出此异常。

显示员工人数 void showTotalEmployee（），抛出空异常，当员工人数为 0 时，抛出此异常。

7-3　编写 Main 主测试类 Test。分别生成 3 个员工，测试构造方法的异常抛出。

分别为每个员工增加、减少工资，测试方法的异常抛出情况。

第8章 输入输出和文件操作

【知识要点】

- ➤ 文件 File 类的使用
- ➤ Java 流的分类及层次结构
- ➤ 常用的字节流和字符流的使用
- ➤ 对象序列化
- ➤ 文件的随机读写

　　输入输出是程序设计中非常重要的一部分。在程序设计中，经常需要与外部设备进行数据交换，例如从键盘上或文件中读取数据，向控制台或文件输出数据等。Java 把这些不同类型的输入输出源抽象为流（Stream），Java 语言定义了许多类专门负责各种方式的输入和输出流，这些类都被放在 java.io 包中。

8.1 引例——文件读写

　　【引例】　Java 语言对文件内容的是如何完成下述操作的？
　　（1）从标准输入输出设备上读写数据。
　　（2）从流中读取数据（读操作），向流中添加数据（写操作）。
　　【案例描述】　Java 在与外部设备进行数据交换时，有时需要从键盘上读取数据，向控制台输出数据；有时需要从文件中读取数据，向文件中写入数据。Java 如何实现这类操作呢？
　　【案例分析】　Java 访问的外部文件，有的是文本文件，有的是非文本文件（如一些媒体文件：图片、电影、音乐等）。对于这些不同类型的文件，Java 都是使用同一种流进行读写的吗？如果从键盘输入信息或者向终端输出信息，Java 又是如何完成的呢？
　　其实，Java 在读写外部数据的时候也提供了两大类流：字节流和字符流。字节流主要是对非文本文件（如一些媒体文件：图片、电影、音乐等）进行操作；字符流只能对文本文件进行读取。字节流可以对所有类型的文件进行操作，但是它没有字符流对文本文件的操作效率高。
　　本章主要讲解 Java 的 I/O 流的知识。通过本章的学习，引例中的问题就可以得到解决。

8.2 文 件 处 理

　　File 类是磁盘文件和目录的抽象表示。为了便于对文件和目录进行统一管理，Java 把目录也作为一种特殊的文件处理。File 类是一个与流无关的类，它提供了一些方法来操作文件和获取文件的基本信息，File 类对象可以方便地对文件或目录进行管理。但是，它不能读写文件。

8.2.1　File 类简介

1．File 的构造方法

1）File（String pathname）

根据给定的路径名字符串构造一个 File 实例，如果给定的字符串是空字符串，那么创建的 File 对象将不代表任何文件或目录。

例如：

```
File  f1=new  File ( "e:\\java")
```

2）File（String parent，String filename）

根据 parent 路径名字符串和 filename 字符串构造一个 File 实例。

例如：

```
File f2=new  File ("e:\\java", "e:\\example1.java")
```

3）File（File parent，String child）

根据 parent 抽象路径名和 filename 字符串构造一个新的 File 实例。

例如：

```
File f3=new  File (f1,"example2.java")
```

2．File 类成员方法

File 类包含了文件和文件夹的多种属性和操作方法，常用的方法如表 8-1 所示。

表 8-1　File 类中的常用方法

方法声明	功　　能
String getName ()	返回由此抽象路径名表示的文件或目录的名称
String getParent ()	返回此抽象路径名的父路径名的路径名字符串，如果此路径名没有指定父目录，则返回 null
File getParentFile ()	返回此抽象路径名的父路径名的抽象路径名，如果此路径名没有指定父目录，则返回 null
String getPath ()	将此抽象路径名转换为一个路径名字符串
boolean isAbsolute ()	测试此抽象路径名是否为绝对路径名。如果此抽象路径名是绝对路径名，则返回 true；否则返回 false
String getAbsolutePath ()	返回抽象路径名的绝对路径名字符串
boolean canRead ()	测试应用程序是否可以读取此抽象路径名表示的文件。当且仅当此抽象路径名指定的文件存在且可由应用程序读取时，返回 true；否则返回 false
boolean canWrite ()	测试应用程序是否可以修改此抽象路径名表示的文件。当且仅当文件系统实际包含此抽象路径名表示的文件且允许应用程序对该文件进行写入时，返回 true，否则返回 false
boolean exists ()	测试此抽象路径名表示的文件或目录是否存在。当且仅当此抽象路径名表示的文件或目录存在时，返回 true；否则返回 false
boolean isDirectory ()	测试此抽象路径名表示的文件是否是一个目录。当且仅当此抽象路径名表示的文件存在且是一个目录时，才返回 true；否则返回 false
boolean isFile ()	测试此抽象路径名表示的文件是否是一个标准文件。当且仅当此抽象路径名表示的文件存在且是一个标准文件时，返回 true；否则返回 false

续表

方法声明	功　能
long length()	返回由此抽象路径名表示的文件的长度。此抽象路径名表示的文件的长度以字节为单位，如果文件不存在，则返回 0L
boolean delete()	删除此抽象路径名表示的文件或目录。当且仅当成功删除文件或目录时，返回 true；否则返回 false
boolean exists()	测试此抽象路径名表示的文件或目录是否存在。当且仅当此抽象路径名表示的文件或目录存在时，返回 true；否则返回 false
Boolean createNewFile()	若 File 对象表示的文件不存在，则调用此方法创建一个空文件。若创建成功返回 true；否则返回 false

在 File 类中还有许多的方法，读者没有必要死记，只要在需要的时候查阅 Java 的 API 手册就可以了。

8.2.2　使用 File 类

通过上一小节的介绍，对 File 类有了大体的了解。下面就通过一个具体的例子进一步阐述 File 类的使用。

【例 8-1】　创建一个 File 类的对象，输出该文件对象的相关信息。

```
package 第八章;
import java.io.File;
public class FileTest {
    public static void main(String[] args) {
        File f=new File("e:\\1.txt");
        if(f.exists()){
            f.delete();
        }else{
            try{
                f.createNewFile();
            }
            catch(Exception e){
                System.out.println(e.getMessage());
            }
            System.out.println("文件名: "+f.getName());
            System.out.println("文件路径: "+f.getPath());
            System.out.println("绝对路径: "+f.getAbsolutePath());
            System.out.println("父文件夹名称: "+f.getParent());
            System.out.println(f.exists()?"文件存在":"文件不存在");
            System.out.println(f.canWrite()?"文件可写":"文件不可写");
            System.out.println(f.canRead()?"文件可读":"文件不可读");
            System.out.println(f.isDirectory()?"是目录":"不是目录");
            System.out.println(f.isFile()?"是文件":"不是文件");
            System.out.println(f.isAbsolute()?"是绝对路径":"不是绝对路径");
            System.out.println("文件大小: "+f.length()+"字节");
        }
    }
}
```

程序运行结果如图 8-1 所示。

图 8-1　例 8-1 运行结果

从本例中可以看出，通过使用 java.io 包中提供的 File 类，可以方便地对文件、目录进行管理。

8.3　流的基本概念

流(Stream)是一组有序的数据序列。根据操作的类型，流分为输入流和输出流两种。输入流是指从某种数据源(如键盘、磁盘文件等)到程序的一个流，程序可以从这个流中读取数据；输出流是从程序到某种目的地(如磁盘文件、终端设备等)的一个流，程序可以将信息写入这个流。

8.3.1　输入输出流

Java 的 I/O 类都包含在 java.io 包中，有不同的流类满足不同性质的输入/输出需要。Java 的输入输出流一般分为字节输入流、字节输出流、字符输入流和字符输出流 4 种。Java 针对这 4 种流的分类为每个系列的类设计了一个父类，而实现具体操作的类都作为该系列类的子类，对应的这 4 个抽象父类分别是：InputStream、OutputStream、Reader 和 Writer。

1. 字节输入流

InputStream 类是字节输入流的抽象类，它是所有字节输入流的父类。如图 8-2 所示是输入字节流类层次结构图。

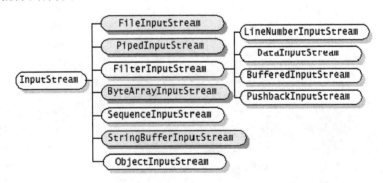

图 8-2　输入字节流类层次结构图

InputStream 类定义了操作字节输入流的各种方法。InputStream 类的常用成员方法如表 8-2 所示。

表 8-2　InputStream 类的常用成员方法

方法名称	功能描述
int available()	返回此输入流方法的下一个调用方可以不受阻塞地从此输入流读取(或跳过)的字节数
void close()	关闭此输入流并释放与该流关联的所有系统资源
void mark(int readlimit)	在此输入流中标记当前的位置
abstract int read()	从输入流读取下一个数据字节
int read(byte[] b)	从输入流中读取一定数量的字节并将其存储在缓冲区数组 b 中
Int read(byte[] b, int off, int len)	将输入流中最多 len 个数据字节读入字节数组
void reset()	将此流重新定位到对此输入流最后调用 mark 方法时的位置
long skip(long n)	跳过和放弃此输入流中的 n 个数据字节

2. 字节输出流

OutputStream 类是字节输出流的抽象类，它是所有字节输出流的父类。如图 8-3 所示是输出字节流类层次结构图。

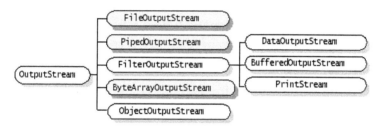

图 8-3　输出字节流类层次结构图

OutputStream 类定义了操作字节输出流的各种方法。OutputStream 类的常用成员方法如表 8-3 所示。

表 8-3　OutputStream 类的常用成员方法

方法名称	功能描述
void close()	关闭此输出流并释放与此流有关的所有系统资源
void flush()	刷新此输出流并强制写出所有缓冲的输出字节
void write(byte[] b)	将 b.length 个字节从指定的字节数组写入此输出流
void write(byte[] b, int off, int len)	将指定字节数组中从偏移量 off 开始的 len 个字节写入此输出流
abstract void write(int b)	将指定的字节写入此输出流
int read(byte[] b, int off, int len)	将输入流中最多 len 个数据字节读入字节数组
void reset()	将此流重新定位到对此输入流最后调用 mark 方法时的位置
long skip(long n)	跳过和放弃此输入流中的 n 个数据字节

3. 字符输入流

Reader 类是所有字符输入流的抽象类，所有字符输入流的实现都是它的子类。如图 8-4 所示是字符输入流类层次结构图。

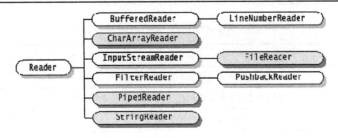

图 8-4   字符输入流类层次结构图

Reader 类定义了操作字符输入流的各种方法。Reader 类的常用成员方法如表 8-4 所示。

表 8-4   Reader 类的常用成员方法

方法名称	功能描述
abstract void close()	关闭该流
oid mark(int readAheadLimit)	标记流中的当前位置
boolean markSupported()	判断此流是否支持 mark() 操作
int read()	读取单个字符
int read(char[] cbuf)	将字符读入数组
abstract int read(char[] cbuf, int off, int len)	将字符读入数组的某一部分
read(CharBuffer target)	试图将字符读入指定的字符缓冲区
boolean ready()	判断是否准备读取此流
void reset()	重置该流
long skip(long n)	跳过字符

4. 字符输出流

Writer 类是所有字符输出流的抽象类，所有字符输出流的实现都是它的子类。如图 8-5 所示是字符输出流类层次结构图。

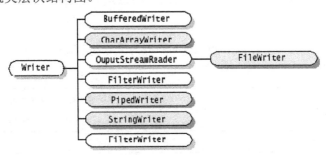

图 8-5   字符输出流类层次结构图

Writer 类定义了操作字符输出流的各种方法。Writer 类的常用成员方法如表 8-5 所示。

表 8-5   Writer 类的常用成员方法

方法名称	功能描述
Writer append(char c)	将指定字符追加到此 writer
Writer append(CharSequence csq)	将指定字符序列追加到此 writer
Writer append(CharSequence csq, int start, int end)	将指定字符序列的子序列追加到此 writer
abstract void close()	关闭此流，但要先刷新它
abstract void flush()	刷新此流

方法名称	功能描述
void write (char[] cbuf)	写入字符数组
abstract void write (char[] cbuf, int off, int len)	写入字符数组的某一部分
void write (String str)	写入字符串
void write (String str,　int off, int len)	写入字符串的某一部分
void write (int c)	写入单个字符

8.3.2　用 Java 的标准输入输出流解决引例中的问题 1

在计算机系统中，标准输入是从键盘等外部设备中获得数据，标准输出是向显示器等外部设备发送数据。在 Java 语言中，键盘用 stdin 表示，监视器用 stdout 表示。它们均被封装在 System 类的类常量 in 和 out 中，分别对应于 System.in 和 System.out，用于实现标准输入和输出功能，声明如下：

```
public final static InputStream in;
public final static PrintStream out;
```

Java 语言的标准输入 System.in 是 BufferedInputStream 类的对象，当程序需要从键盘读入数据时，只需调用 System.in 的 read() 即可。一般情况下，系统的输入流都会连接到键盘设备，也就是可以接收键盘的输入。如果程序在运行时需要在命令行窗口接收输入，可以通过使用系统输入流来实现。

Java 语言的标准输出 System.out 是打印输出流 PrintStream 类的对象。PrintStream 类是过滤输出流类 FilterOutputStream 的一个子类，其中定义了向屏幕输送不同类型数据的方法 print() 和 println()。

下面例 8-2 就解决了引例中的问题 1。

【例 8-2】　Java 标准输入输出。本例演示如何从键盘读取数据，以及向显示器输出数据的标准输入输出操作。

```java
package 第八章;
import java.io.IOException;
public class Stdio {
    int count=0;
    byte buffer[];
    public Stdio() throws IOException{
        do{
            System.out.print("请输入: ");
            buffer=new byte[512];
            count=System.in.read(buffer);
            System.out.print("输入的字节是: ");
            for (int i=0;i<count;i++){
                System.out.print(buffer[i]);
                System.out.print(" ");
            }
            System.out.println();
            System.out.println("输入"+count+"个字节");
```

```
    }while(count!=2);
  }
  public static void main(String args[]) throws IOException{
      new Stdio();
  }
}
```

程序运行结果如图 8-6 所示。

```
请输入：abcd
输入的字节是：97 98 99 100 13 10
输入6个字节
请输入：12 ab
输入的字节是：49 50 32 97 98 13 10
输入7个字节
请输入：
```

图 8-6　例 8-2 运行结果

注意：在例 8-2 中，count 变量保存的实际读入字节数比输入字符多 2 个，包含了回车符和换行符两个字节。

8.4　流的基本概念

8.4.1　用文件字节流解决引例中的问题

文件系统在输入输出处理中处于重要的地位，Java 提供了基于字节的文件字节流 FileInputStream 和 FileOutputStream 对文件进行处理。

1．FileInputStream

通过使用 FileInputStream 可以访问文件的一个字节、几个字节或整个文件。

FileInputStream 的构造方法有两个。

（1）FileInputStream（File file）：创建一个从指定的 File 对象读取数据的文件输入流。

（2）FileInputStream（String）：创建一个从指定名称的文件读取数据的文件输入流。

在创建 FileInputStream 对象时，若指定文件找不到，则抛出 FileNotFoundException 异常，该异常必须捕获或者声明抛出。FileInputStream 类继承并覆盖了父类 InputStream 类中 read（）、close（）等方法。

【例 8-3】　创建一个 File 类对象，然后创建一个 FileInputStream 对象，从输入流中读取文件 1.txt 的信息并输出（1.txt 的内容为"This is a Java program！"）。

```
package 第八章;
import java.io.File;
import java.io.FileInputStream;
import java.io.IOException;
public class FileExample01 {
    public static void main(String[] args) {
    //创建一个 File 对象
File f=new File("c:\\","1.txt");
```

```
            try{
                byte b[]=new byte[512];
                //创建文件字节输入流
        FileInputStream fis =new FileInputStream(f);
                int rs=0;
                System.out.println("The content of 1.txt:");
                while((rs=fis.read(b,0,512))>0){
                        String s=new String(b,0,rs);
                        System.out.println(s);
                }
                        fis.close( );
        }catch(IOException e){
                e.printStackTrace();
        }
    }
}
```

程序运行结构如图 8-7 所示。

```
The content of 1.txt:
This is a Java Program!
```

图 8-7　例 8-3 运行结果

2. FileOutputStream

通过使用 FileOutputStream 可以向文件中写一个字节或一批字节。

FileOutputStream 的构造方法有 4 个。

（1）FileOutputStream（File file）：创建一个向指定 File 对象表示的文件中写入数据的文件输出流。

（2）FileOutputStream（File file，boolean append）：创建一个向指定 File 对象表示的文件中写入数据的文件输出流，并指定是否为添加方式。

（3）FileOutputStream（String name）：创建一个向具有指定名称的文件中写入数据的输出文件流。

（4）FileOutputStream（String name,boolean append）：创建一个向具有指定 name 的文件中写入数据的输出文件流，并指定是否为添加方式。

在生成 FileOutputStream 类的对象时，若指定的文件不存在，则创建一个新的文件，若已存在，则清除原文件内容。在进行文件的读写操作时会产生 IOException 异常，该异常必须捕获或声明抛出。

【例 8-4】　创建一个 File 类的对象，然后从键盘输入字符存入数组里，创建一个 FileOutputStream 类的对象，把数组里的字符通过文件输出流写入文件 2.txt 中。

```
package 第八章;
import java.io.File;
import java.io.FileOutputStream;
import java.io.IOException;
public class FileExample02 {
    public static void main(String[] args) {
        int b;
        File file=new File("c://","2.txt");
        byte bytes[]=new byte[512];
```

```
        System.out.println("请输入你想存入文本的内容： ");
        try{
                //判断文件是否存在
        if(!file.exists())
                        file.createNewFile();
                //从键盘输入字符存入 bytes 字节数组里
        b=System.in.read(bytes);
        //创建文件输出流
                FileOutputStream fos=new FileOutputStream(file,true);
                //把 bytes 写入指定文件中
                fos.write(bytes,0,b);
                //关闭输出流
                fos.close();
        }
    catch(IOException e){
        e.printStackTrace();
    }
}
}
```

程序运行结果如图 8-8 所示。

```
请输入你想存入文本的内容:
Hello!Java!
```

图 8-8　例 8-4 运行结果

查看 2.txt 文件的内容为：Hello！Java！。

8.4.2　用文件字符流解决引例中的问题

文件系统在输入输出中处于重要的地位，Java 中还提供了基于字符的文件流 FileReader
和 FileWriter 对文件进行处理。

1. FileReader

FileReader 是一个文件读字符流类，它是一个文件 InputStreamReader 的子类。
FileReader 类的常用构造方法如下。

（1）FileReader(File file)：根据 File 对象创建一个新的 FileReader 类对象。

（2）FileReader(String fileName)：根据给定的文件名创建 FileReader 类对象。

例 8-5 是一个使用 FileReader 类访问文件的程序。程序运行的结果是显示 FileReader
Example01.java 的内容。

【例 8-5】　使用 FileReader 类访问文件。

```
package 第八章;
import java.io.FileNotFoundException;
import java.io.FileReader;
import java.io.IOException;
public class FileReaderExample01 {
    public static void main(String[] args) {
```

```
int c=0;
try{
FileReader fr=new FileReader("./src/第八章/FileReaderExample01.
java");
        //按字符读取文件内容并显示出来
        while((c=fr.read())!=-1){
                System.out.print((char)c);
        }
        fr.close();
    }
catch(FileNotFoundException e){
        System.out.println("Can't find file!");
    }
catch(IOException e){
        System.out.println("File read error!");
    }
}
}
```

程序运行结果如图 8-9 所示。

```
import java.io.FileNotFoundException;
import java.io.FileReader;
import java.io.IOException;

public class FileReaderExample01 {

        public static void main(String[] args) {
                int c=0;
                try{
                        FileReader fr=new FileReader("./src/第八章
                        while((c=fr.read())!=-1){
                                System.out.print((char)c);
```

图 8-9　例 8-5 运行结果

2. FileWriter

FileWriter 是一个文件写字符流类，它是 OutputStreamWriter 的子类。

FileWriter 常用的构造方法如下。

（1）FileWriter（File file）：根据 File 对象创建 FileWriter 对象。

（2）FileWriter（File file,boolean append）：根据 File 对象创建 FileWriter 对象，并指定是否为添加方式。

（3）FileWriter（String filename）：根据给定的文件名创建 FileWriter 对象。

（4）FileWriter（String filename, boolean append）：根据给定的文件名创建 FileWriter 对象。

【例 8-6】　使用 FileWriter 类访问文件。

```
package 第八章;
import java.io.FileWriter;
import java.io.IOException;
public class FileWriterExample02 {
    public static void main(String[] args) {
```

```
        FileWriter fw;
        int num=0;
        try{
              fw=new FileWriter("./unicode.dat");
              //把大写字母 A~Z 写入文件
              for(int c=65;c<=90;c++){
                    fw.write(c);
                    num++;
              }
              //把小写字母 a~z 写入文件
              for(int c=97;c<=122;c++){
                    fw.write(c);
                    num++;
              }
              fw.close();
              //输出文件里的字符个数
              System.out.println(num);
        }catch(IOException e){
              e.printStackTrace();
              System.out.println("File write error");
              System.exit(-1);
        }
    }
}
```

程序运行结果如图 8-10 所示。

```
52
```

图 8-10 例 8-6 运行结果

打开文件 unicode.dat 查看它的内容，发现已被写入了 A~Z 和 a~z 一共 52 个字符。

8.4.3 过滤器流

过滤器流(FilterStream)是为某种目的过滤字节或字符的数据流。基本输入流提供的方法只能用来读取字节或字符，而过滤器流能够读取整数值、双精度值或字符串，但需要一个过滤器类来包装输入流。从前面的类层次结构图可以知道，过滤流 FilterInputStream 和 FilterOutputStream 分别是 InputStream 和 OutputStream 的子类，重写了超类的方法，而且它们本身也都是抽象类。

DataInputStream 和 DataOutputStream 作为 FilterInputStream 和 FilterOutputStream 的子类，又进一步实现了其父类为处理数据的过滤流定义的接口和方法。DataInputStream 和 DataOutputStream 类对象使用与机器无关的方式读取或写入 Java 的简单数据类型和 String，在一般的输入输出和网络通信中使用较多。它们的功能就是把二进制的字节流转换成 Java 的基本数据类型，同时还提供了从数据中使用 UTF-8 编码构建 String 的功能。

这两个流要在底层流基础上建立，构造方法如下。

DataInputStream(InputStream in)：创建一个指向底层输入流的数据输入流。

DataOutputStream（OutputStream out）：创建一个指向底层输出流的数据输出流。

【例 8-7】　创建一个文件输入流和文件输出流，在文件流的基础上建立数据流，先向文件中写入不同类型的数据，然后按不同的类型读取数据并输出。

```java
package 第八章;
import java.io.DataInputStream;
import java.io.DataOutputStream;
import java.io.FileInputStream;
import java.io.FileOutputStream;
import java.io.IOException;
public class DataIOExample01 {
    public static void main(String[] args) {
        try{
            FileOutputStream out=new FileOutputStream("c://3.txt");
            DataOutputStream dout=new DataOutputStream(out);
            dout.writeByte(-25);
            dout.writeLong(11);
            dout.writeChar('a');
            dout.writeFloat(3.56f);
            dout.writeUTF("大家好");
            dout.close();
        }catch(IOException e){
            e.printStackTrace();
        }
        try{
            FileInputStream in=new FileInputStream("c://3.txt");
            DataInputStream din=new DataInputStream(in);
            System.out.println(din.readByte());
            System.out.println(din.readLong());
            System.out.println(din.readChar());
            System.out.println(din.readFloat());
            System.out.println(din.readUTF());
        }catch(IOException e){
            e.printStackTrace();
        }
    }
}
```

程序运行结果如图 8-11 所示。

```
-25
11
a
3.56
大家好
```

图 8-11　例 8-7 运行结果

8.4.4　字符缓冲流

没有缓冲的 I/O 直接读写效率低，为了解决这些缺点，Java 提供了基于缓冲的 I/O 流。

带缓冲的输入流从一个类似于缓冲区的内存区域中读取数据，当缓冲区为空时，调用基本的输入 API 完成输入操作；同样地，带缓冲的输出流首先向缓冲区中写数据，在缓冲区已满时调用基本的输出 API 完成输出操作。缓冲流链接在其他节点流之上，对读写数据提供缓冲功能，提高了读写的效率，并增加了一些新的方法。JDK 引入了 BufferedReader 和 BufferedWriter 类，用来对字符流进行成批的处理。

1．BufferedReader 类

BufferedReader 类是 Reader 类的子类，使用该类可以以行为单位读取数据。Buffered-Reader 的主要构造方法如下。

BufferedReader(Reader in)：使用 Reader 类对象创建一个 BufferedReader 对象。

BufferedReader 类中提供了一个 Reader 类中没有的 ReaderLine()方法，该方法能够读取文本行，其声明如下：

public String readLine()：读取一行字符串，输入流结束时返回 null。

2．BufferedWriter 类

BufferWriter 类是 Writer 类的子类，该类可以以行为单位写入数据。BufferWriter 类的主要构造方法如下：

BufferWriter(Writer out)：使用 Writer 类对象创建一个 BufferWriter 对象。

BufferWriter 类中提供了一个 Writer 类中没有的 newLine()方法，该方法是换行标记，其声明如下。

public void newLine()：写入一个换行符。

【例 8-8】　使用字符缓冲流实现文本文件的输入输出操作。

```java
package 第八章;
import java.io.BufferedReader;
import java.io.BufferedWriter;
import java.io.FileReader;
import java.io.FileWriter;
import java.io.IOException;
public class CharacterStream {
    private String filename;
    //构造方法，指定文件名
    public CharacterStream(String filename){
        this.filename=filename;
    }
    //将缓冲区数据写入指定文件
    public void writeFile(int[] buffer){
        try{
            //为指定文件创建文件输出流对象
            FileWriter fout=new FileWriter(this.filename);
            BufferedWriter dout=new BufferedWriter(fout);
            for(int i=0;i<buffer.length;i++){
                dout.write(buffer[i]+" ");
                if((i+1)%10==0)
```

```
                              //写入一个换行符
                              dout.newLine();
                }
                dout.close();
                fout.close();
                System.out.println("成功写入文件: "+this.filename);
            }
        catch(IOException e){
                e.getStackTrace();
            }
    }
    //将指定文件中的数据读到缓冲区
    public void readFileContent(){
        try{
                //为指定文件创建文件输入流对象
                FileReader fin=new FileReader(this.filename);
                BufferedReader din=new BufferedReader(fin);
                int count=0;
                String aline=null;
                do{
                        aline=din.readLine();
                        if(aline!=null){
                        System.out.println(aline);
                        count++;
                        }
                }while(aline!=null);
                System.out.println("本次读入"+count+"行数据");
                din.close();
                fin.close();
            }catch(IOException e){
                e.getStackTrace();
            }
    }
    public static void main(String[] args) {
        int []buffer=new int[100];
        for(int i=0;i<100;i++){
                buffer[i]=(int)(Math.random()*100);
        }
        CharacterStream fileStrem =new CharacterStream("CharFile.dat");
        fileStrem.writeFile(buffer);
        fileStrem.readFileContent();
    }
}
```

程序运行结果如图 8-12 所示。

上例中的程序首先创建一个文本文件，以字符方式写入一组数据，然后再读该文件，并将该文件的内容显示在屏幕上。

```
成功写入文件: CharFile.dat
29 88 13 93 40 65 1 83 47 34
96 7 82 0 87 39 6 83 28 77
52 77 24 54 71 58 94 6 36 18
49 34 91 76 11 64 15 98 6 73
2 40 12 46 68 26 80 59 85 47
88 29 39 68 47 67 8 36 93 58
33 50 30 67 32 4 17 85 98 72
13 90 68 42 90 35 28 12 51 37
87 71 88 79 83 5 85 21 48 1
19 30 3 26 48 76 94 18 47 2
本次读入10行数据
```

图 8-12　例 8-8 运行结果

8.4.5　转换流

InputStreamReader 和 OutputStreamWriter 是字节通向字符流的桥梁。它们可以根据指定的编码方式,将字节输入流转换为字符输入流;或根据指定的编码方式,将之转换为字符流。

InputStreamReader 类的构造方法如下。

InputStreamReader(InputStream in):使用默认字符集创建 InputStreamReader 类的实例对象。

InputStreamReader(InputStream in,String cname):使用已命名的字符编码方式创建 InputStreamReader 类的实例对象。

OutputStreamWriter 类的构造方法如下。

OutputStreamWriter(OutputStream out):使用默认字符集创建 OutputStreamWriter 类的实例对象。

OutputStreamWriter(OutputStream out, String cname):使用已命名的字符编码方式创建 OutputStreamWriter 类的实例对象。

【例 8-9】　创建一个 FileOutputStream 对象,将之转换为默认编码的字符输出流,向文件 demo.txt 中写入数据。再创建一个 FileInputStream 对象,将之转换为默认编码的字符输入流,从文件中读取数据并打印到控制台。

```java
package 第八章;
import java.io.FileInputStream;
import java.io.FileOutputStream;
import java.io.IOException;
import java.io.InputStream;
import java.io.InputStreamReader;
import java.io.OutputStream;
import java.io.OutputStreamWriter;
public class TransStreamtest {
    public static void transWriteNoBuf() throws IOException {
    //创建一个文件字节输出流对象
    OutputStream out = new FileOutputStream("D:\\demo.txt");
    //使用默认字符编码创建一个 OutputStreamWriter 对象
    OutputStreamWriter osr = new OutputStreamWriter(out);
```

```
    int ch = 97;
    osr.write(ch);
    String str = "你好吗？";
    osr.write(str);
    osr.flush();
    osr.close();
  }

public static void transReadNoBuf() throws IOException {
    //读取字节流
    InputStream in = new FileInputStream("D:\\demo.txt");
    //将字节流向字符流转换
    InputStreamReader isr = new InputStreamReader(in);
    char []cha = new char[1024];
    int len = isr.read(cha);
    System.out.println(new String(cha,0,len));
    isr.close();
  }
public static void main(String[] args) throws IOException {
    transWriteNoBuf();
    transReadNoBuf();
  }
}
```

程序运行结果如图 8-13 所示。

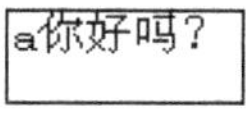

a你好吗？

图 8-13　例 8-9 运行结果

8.4.6　对象流

1. 序列化

Java 可以将基本数据类型的数据保存到文件中，也可以对文件中的数据进行读取。但是对于复杂的对象类型，Java 使用对象输入输出流实现对象序列化，可以直接存取对象。将对象存入一个流称为序列化，而从一个流将对象读出称为反序列化。

只有支持 java.io.Serializable 接口的对象才能写入流中或从流中读出，也就是说被序列化的对象必须实现 java.io.Serializable 接口，否则不能实现序列化，可序列化类的所有子类都是可序列化的。需要注意的是，该结构什么方法也没有，实现该类只是简单地标记该类准备支持序列化功能。

【例 8-10】　定义一个类 Student，实现 Serializable 接口。

```
package 第八章;
import java.io.Serializable;
public class Student implements Serializable{
    String sno;
```

```
    String sname;
    int sage;
    String sdepartment;
    public Student(String sno, String sname, int sage, String sdepartment) {
        super();
        this.sno = sno;
        this.sname = sname;
        this.sage = sage;
        this.sdepartment = sdepartment;
    }
}
```

2. ObjectInputStream 和 ObjectOutStream 类

Java 提供了对象输入流 ObjectInputStream 和对象输出流 ObjectOutStream，用来读取和保存对象，它们分别是 InputStream 类和 OutputStream 类的子类，继承了它们所有的方法。

ObjectInputStream 和 ObjectOutStream 类的构造方法如下。

ObjectInputStream(InputStream in)：创建从指定的 InputStream 流读取的 ObjectInputStream 对象输入流。

ObjectOutStream(OutputStream out)：创建向指定的 OutputStream 流写入的 ObjectInputStream 对象输出流。

对象流常用的方法如下。

(1) public final Object readObject()：从 ObjectInputStream 流读取并重构对象。

(2) Public final void writeObject(Object obj)：将指定的对象写入 ObjectOutStream。

ObjectInputStream 类和 ObjectOutStream 类分别于 FileOutputStream 类和 FileInputStream 类一起使用时，可以为应用程序的对象提供持久存储功能。

【例 8-11】　将例 8-10 的 Student 对象通过对象输出流 writeObject()方法保存到文件 sdate.ser 中。之后，再通过对象输入流的 readObject()方法从文件 sdate.ser 中读出 Student 对象。

```
package 第八章;
import java.io.FileInputStream;
import java.io.FileNotFoundException;
import java.io.FileOutputStream;
import java.io.IOException;
import java.io.ObjectInputStream;
import java.io.ObjectOutputStream;
public class StudentObjectStream {
    public static void main(String[] args) throws IOException {
    Student s=new Student("20121018","逸凡",20,"JSJ");
    FileOutputStream fout=new FileOutputStream("sdate.ser");
    ObjectOutputStream out=new ObjectOutputStream(fout);
    try{
        out.writeObject(s);
        out.close();
        fout.close();
```

```
        }catch(IOException e){
            e.printStackTrace();
        }
        FileInputStream fin=new FileInputStream("sdate.ser");
        ObjectInputStream in=new ObjectInputStream(fin);
        try{
            s=(Student)in.readObject();
            System.out.println(s.sno);
            System.out.println(s.sname);
            System.out.println(s.sage);
            System.out.println(s.sdepartment);
            in.close();
            fin.close();
        }catch(ClassNotFoundException e){
            e.printStackTrace();
        }
    }
}
```

程序运行结果如图 8-14 所示。

```
20121018
逸凡
20
JSJ
```

图 8-14　例 8-11 运行结果

8.5　文件的随机访问

字节流 InputStream/OutputStream 的子类流和字符流 Reader/Writer 类的子类都是顺序流，在读写流中的数据时只能按顺序进行。Java 语言中还定义了一个功能更强大、使用更方便的类：RandomAccessFile。它用于进行随意位置、任意类型的文件访问。

RandomAccessFile 类实现了 DataInput 和 DataOutput 接口，与数据流一样，随机访问文件中的数据也可以按基本的数据类型来读或写。即写一个整数值，就会写入文件 4 个字节；写一个双精度浮点数，就会写入文件 8 个字节。这样就可以计算出数据在文件的位置指针，然后读写指定位置的数据。

1．RandomAccessFile 的构造方法

RandomAccessFile 类有以下两个构造方法。

（1）RandomAccessFile(Filefile, String mode)：创建从中读取和向其中写入（可选）的随机访问文件流，该文件由 file 参数指定。

（2）RandomAccessFile(String name, String mode)：创建从中读取和向其中写入（可选）的随机访问文件流，该文件由名称 name 指定。

参数 mode 指明文件的使用模式，允许的值及其含义如表 8-6 所示。

表 8-6　mode 允许的值及其含义

mode 值	mode 值的含义
r	以只读方式打开。调用结果对象的任何 write 方法都将导致抛出 IOException
rw	以读写方式打开。如果指定的文件不存在,则尝试创建该文件
rws	以读写方式打开。同时对文件的内容或元数据的每个更新都同步写入底层存储设备
rwd	以读写方式打开。同时对文件内容的每个更新都同步写入底层存储设备

2. RandomAccessFile 类的主要方法

RandomAccessFile 类常用的方法如表 8-7 所示。

表 8-7　RandomAccessFile 类常用的方法

方法名称	功能描述
void seek(long pos)	设置文件指针位置
long getFilePointer()	获取文件指针位置
long length()	返回文件长度

【例 8-12】　使用 RandomAccessFile 类访问文件。向指定文件写入若干整数,要求写入的整数非降序排列。因此需要在文件中查找合适的位置,然后写入数字。

```
package 第八章;
import java.io.EOFException;
import java.io.File;
import java.io.IOException;
import java.io.RandomAccessFile;
public class FileSort {
    private RandomAccessFile rafile;
    public FileSort(String filename)throws IOException{
        File file=new File(filename);
        if(file.exists())
            file.delete();
        this.rafile=new RandomAccessFile(filename,"rw");
    }

    //把 k 按顺序写入文件
    public void sort(int k,long pos)throws IOException{   //从 pos 位置开始
                                                          排序 k

        this.rafile.seek(pos);                            //设置文件读指针
        boolean insert=false;
        while(true){
            try{
                int temp=this.rafile.readInt();           //读取一个整数
                if(temp>k){
                    long currPos=this.rafile.getFilePointer();
                                                          //获得当前位置
```

```
                          this.rafile.seek(currPos-4);      //后退 4 个字节
                          this.rafile.writeInt(k);      //k 插入当前位置
                          this.sort(temp, currPos);          //从当前位置开始,
                                                              对 temp 排序

                          insert=true;
                    }
             }catch(EOFException ioe){
                    if(insert==false){
                          this.rafile.writeInt(k);           //写入 k
                    }
                    break;
             }
      }
   }

//在文件中添加数据
public void append (int[]table)throws IOException{
      for(int i=0;i<table.length;i++){
             this.sort(table[i],0);
             }
      System.out.println();
}
//从指定文件中读取数据
public void readFromFile()throws IOException{
      this.rafile.seek(0);
      while(true)
             try{
                    System.out.print(this.rafile.readInt()+" ");
             }catch(EOFException ioe){
                    System.out.println();
                    this.rafile.close();
                    break;
             }
}
public static void main(String[] args) throws IOException{
      int[]table={5,3,1,2,7,8,10,32,25,10};
      FileSort fileSort=new FileSort("Random.dat");
      fileSort.append(table);
      fileSort.readFromFile();
   }
}
```

程序运行结果如图 8-15 所示。

```
1 2 3 5 7 8 10 10 25 32
```

图 8-15　例 8-12 运行结果

8.6　综合案例——文本的匹配和标注

对文本进行编辑时经常会有这样的操作：在文本中查找指定的字符串，对文本中的匹配字符串作标记等。下面我们运用本章所学的知识完成如下案例。

【例 8-13】　在文本中对指定字符串进行查找与替换。

1. 分析与实现

查找指定字符串可以调用 String 类的 indexOf() 方法，它返回指定字符串在文本中第一次出现处的索引。对匹配字符串做标记可能需要变更原文本的内容，此类操作使用 StringBuffer 类会更方便。它的 replace() 方法将使用指定字符串替换文本中的原字符串。

由于对文本操作需要频繁读取文本内容，使用 java.io 包中定义的 BufferedReader 类也会令操作变得简单很多。BufferedReader 可以从字符输入流中读取文本，缓冲各个字符。

```java
package 第八章;
import java.io.BufferedReader;
import java.io.IOException;
import java.io.Reader;

//过滤流中指定字符串，BufferedReader 的子类
public class FilterStringReader extends BufferedReader{
    String pattern;      //要查找的字符串
    public FilterStringReader(Reader in,String pattern){
            super(in);
            this.pattern=pattern;
    }
    //读行，找出匹配串并返回，覆盖父类方法
    public String readLine() throws IOException{
        String line;
        do{
            line=super.readLine();          //调用父类方法读取一行
        }while((line!=null)&& line.indexOf(pattern)==-1);
        return line;
    }
    //读行并返回，有匹配的串加标注
    public String readAllLine() throws IOException{
        String line;
        line=super.readLine();                    //调用父类方法读取一行
        return mark(line);
    }
    //标注匹配串，并返回
    public String mark(String s) throws IOException{
        if(s==null) return null;
        String str="["+pattern+"]";
        StringBuffer buf=new StringBuffer(s);
        int i=0;
```

```
        //查找所有匹配项
        while(i>=0&&i<buf.length()){
            i=buf.indexOf(pattern,i);         //查找当前 i 开始的第一个匹配项
            if(i>=0){
                buf.replace(i, i+pattern.length(), str);
                                              //行中有匹配项，做标注
                i+=pattern.length();          //准备下一个查找起始点
            }
        }
        return new String(buf);
    }
}
```

2. 测试

```
package 第八章;
import java.io.FileInputStream;
import java.io.FileOutputStream;
import java.io.IOException;
import java.io.InputStreamReader;
import java.io.PrintStream;
import java.util.Scanner;
//FilterStringReader 测试类，执行时需要传入两个参数
//第一个参数，读取的文件名
//第二个参数，做匹配用的 patter 字符串
public class FilterStringReaderTest {
    public static void main(String[] args)throws IOException {
        //检查参数
        if(args.length!=2){
            System.out.println("语法：FilterStringReaderTest file
                pattern");
            return;
        }
        Scanner in=new Scanner(System.in);
        String line;
        for(;;){
            //创建从指定文件中匹配指定字符串的流
            FilterStringReader fin=new FilterStringReader
(new InputStreamReader (new FileInputStream(args[0]),"GB2312"),args[1]);
            System.out.println("-------------------------\n"+
                "从"+args[0]+"中匹配"+args[1]+"...\n"+
                "1  打印含字符串的行\n"+
                "2 标注并打印含字符串的行\n"+
                "3 标注字符串并打印所有行\n"+
                "4 对文件中的匹配串进行标注\n"+
                "9 退出\n"+
                "..............");
            int what=in.nextInt();
```

```
            System.out.println("------------------------------");
            switch(what){
            case 1:                              //打印含字符串的行
                line=fin.readLine();    //读匹配行
                while(line!=null){
                    System.out.println(line);
                    line=fin.readLine();
                }
                break;
            case 2:                              //标注并打印含字符串的行
                line=fin.readLine();    //读匹配行并做标注
                while(line!=null){
                    System.out.println(fin.mark(line));
                    line=fin.readLine();
                }
                break;
            case 3:                              //标注字符串并打印所有行
                line=fin.readAllLine();
                while(line!=null){       //读行，匹配时做标注
                    System.out.println(line);
                    line=fin.readLine();
                }
                break;
            case 4:                              //对文件中的匹配串进行标注
                PrintStream ps=new PrintStream
                    (new FileOutputStream(args[0]+"-new.txt"));
                line=fin.readAllLine();     //读行，匹配时做标注
                while(line!=null){
                    ps.println(line);        //写入文件
                    line=fin.readLine();
                }
                System.out.println("保存新文件: "+args[0]+"-new.txt"
                +"OK!");
                break;
            case 9:                              //退出
                System.out.println("OK!");
                return;
            default:
                System.out.println("输入错误! ");
            }
        fin.close();
        }

    }
}
```

程序运行结果如图 8-16 所示。

```
-------------------------
从e:/workspace/test.txt中匹配Java...
1  打印舍字符串的行
2  标注并打印舍字符串的行
3  标注字符串并打印所有行
4  对文件中的匹配串进行标注
9  退出
. . . . . . . . . . . . . .
1
-------------------------
Java  数据流类
Java程序设计和Java规范
第一个Java应用程序
-------------------------
从e:/workspace/test.txt中匹配Java...
1  打印舍字符串的行
2  标注并打印舍字符串的行
3  标注字符串并打印所有行
4  对文件中的匹配串进行标注
9  退出
. . . . . . . . . . . . . .
2
-------------------------
[Java]  数据流类
[Java]  程序设计和[Java]规范
第一个[Java]应用程序
-------------------------
从e:/workspace/test.txt中匹配Java...
1  打印舍字符串的行
2  标注并打印舍字符串的行
3  标注字符串并打印所有行
4  对文件中的匹配串进行标注
9  退出
. . . . . . . . . . . . . .
3
-------------------------
[Java]  数据流类
[Java]  程序设计和[Java]规范
第一个Java应用程序
-------------------------
从e:/workspace/test.txt中匹配Java...
1  打印舍字符串的行
2  标注并打印舍字符串的行
3  标注字符串并打印所有行
4  对文件中的匹配串进行标注
9  退出
. . . . . . . . . . . . . .
```

图 8-16　例 8-13 运行结果

小　　结

　　File 类是文件管理的基础，它是文件或目录的抽象表示。File 类提供的方法可以获取文件或目录的路径、名称、大小、读写属性等基本信息，完成创建、删除、重命名文件以及获取文件目录等操作。

　　Java 把不同类型的输入输出源抽象为流(Stream)，用统一的接口来表示，从而使程序简单明了。

　　字符流以字符为基本单位来处理数据。所有字符流类都是从 Reader 或 Writer 派生而来的，这类流以 16 位的 Unicode 码表示的字符为基本处理单位。FileReader 和 FileWriter 是两个重要的字符流，用于对文本文件进行操作。

字节流以字节为基本单位来处理数据。所有字节流类都是从 InputStream 或 OutputStream 派生而来的。这些流以字节为基本处理单位。FileInputStream 和 FileOutputStream 是两个重要的字节流，用于以二进制方式对文件进行操作。

DataInputStream 和 DataOutputStream 可以按基本类型和 String 类型读写数据。BufferedReader 和 BufferedWriter 类提供了基于缓冲的 I/O 流，提高了读写的效率。InputStreamReader 和 OutputStreamWriter 可以将字节流转换为字符流。使用对象流 ObjectInputStream 和 ObjectOutputStream 可以按对象读写数据

Java 中还提供了 RandomAccessFile 类，可以用来对文件进行随机读取和数据的插入。

习　　题

8-1 请写出 File 类的构造方法定义。

8-2 请写出 File 中常见的方法定义。

8-3 实现文件的复制。

8-4 创建一个图书对象，并把它输出到一个文件 book.dat 中，然后再把该对象读出来并在屏幕上显示该对象的信息。

8-5 编写一个程序，将一段文字写入一个名为 text.dat 的文件中，并使用 RandomAccessFile 流将此文本文件以倒序读出。

第9章　图形用户界面设计

➢ 区分 Swing 和 AWT 的不同。

➢ 使用框架、面板和简单的 GUI 组件创建图形用户界面。

➢ 理解布局管理器的作用。

➢ 使用 FlowLayout、GridLayout、CardLayout、BoxLayout 和 BorderLayout 管理器在容器中布局组件。

➢ 使用 JPanel 类将面板作为一个子容器。

➢ 描述事件、事件源和事件类。

➢ 定义监听器类，向事件源对象注册监听器来处理相应的事件。

➢ 使用内部类和匿名内部类定义监听器类。

➢ 使用监听器接口适配器简化监听器类。

➢ 使用不同的用户界面组件，例如：JButton、JCheckBox、JRadioButton、JLabel、JTextField、JTextArea、JComBox、JSlider 和 JMenu 创建图形用户界面。

➢ 为不同类型的事件创建监听器。

9.1　引例——计算器面板设计

时光飞逝，转眼已是大学二年级了。逸凡交上了女朋友，每逢周末带上女友逛逛街呀，看看电影呀，去饭店吃饭呀，这是一笔不小的开销。父母给的生活费可不包含这项花费，逸凡心想要是有个计算器该多好呀，这样就可以知道每个周末花费多少了。

【引例】　计算器面板。

【案例描述】　设计一个简单的计算器界面，要求界面友好。

【案例分析】　对于这样的问题，我们首先想着如何设计界面，数字键怎么摆放，加减乘除 4 个符号怎么安排，计算结果的位置应该放在界面的上面，还是下面，还有这些数字键是用标签来做，还是用按钮来做。这都是要我们思考的问题。通常数字键用标签来做，加减乘除四则运算用按钮来显示。标签和按钮的绘制与显示以及每个按钮以及等号后面触发的事件机制都是本章要涉及的内容，所有这些就是图形界面设计。通过本章的介绍，就可以设计完成引例中的任务了。

图形用户界面(GUI)可以使系统对用户更友好且更易于使用。创建一个 GUI 需要创造性以及有关 GUI 组件的相关知识。在 Java 中，GUI 组件非常灵活而且功能多样，因而可以创造各种各样的用户界面。可以很好地解决图形用户界面问题。

本章将详细介绍 GUI 各种组件的构成。在 java.awt 包和 javax.swing 包中定义了多种用于创建图形用户界面的组件类。

9.2　AWT 与 Swing

在 Java 将图形用户界面相关的类捆绑在一起，放在一个称为抽象窗口工具箱（Abstract Window Toolkit，AWT）的库中。AWT 适合开发简单的图形用户界面，但是不适合开发复杂的 GUI 项目。除此以外，AWT 更容易发生与特定平台相关的故障。AWT 的用户界面组件已被一种更稳定、更通用和更灵活的库取代，这种库称为 Swing 组件库。大多数 Swing 组件都是直接用 Java 代码在画布上绘图，而 java.awt.Window 或 java.awt.Panel 的子类的组件例外，它们必须使用特定平台上自己的 GUI 来绘图。Swing 组件更少地依赖于目标平台，并且更少地使用自己的 GUI 资源。不依赖于自己 GUI 的 Swing 组件称为轻量级组件，而 AWT 组件称为重量级组件。

为了区别新的 Swing 组件和与之对应的 AWT 组件类，Swing GUI 组件都以字母 J 为前缀命名。尽管 Java 仍然支持 AWT 组件，但是 AWT 组件终将会退出 Java 历史舞台，本章重点介绍 Swing GUI 组件。

GUI API 包含的类分成 3 组：组件类、容器类和辅助类。它们的层次体系结构关系如图 9-1 所示。

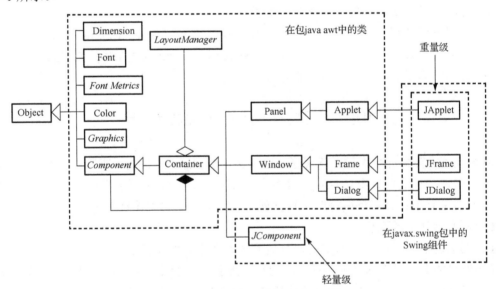

图 9-1　组件类、容器类和辅助类

组件类（Component 类）用来创建图形用户界面，例如 JButton、JLable 和 JTextField。容器类（Container 类）用来包含其他组件，例如，JFrame、JPanel 和 JApplet。辅助类用来支持 GUI 组件，例如，Graphics、Color、Font、FontMetrics 和 Dimension。

Component 类的实例可以显示在屏幕上。Component 类是包含容器类的所有用户界面类的根类，而 JComponent 类是所有轻量级 Swing 组件类的根类。Component 类和 JComponent 都是抽象类，可以使用 JComponent 的具体子类的构造方法来创建 JComponent 的实例。

Container 的实例可以包含 Component 实例。容器类是盛装 GUI 组件的 GUI 组件。

Window、Panel、Applet、Frame、Dialog 都是 AWT 组件的容器类。而 Swing 组件的容器类包括 JApplet、JFrame、JDialog 和 JPanel。

辅助类都不是 Component 的子类，例如 Graphics、Color、Font、FontMetrics、Dimension 和 LayoutManager 等。辅助类描述 GUI 组件的属性，例如图形形状、颜色、字体以及组件的排列方式等。辅助类包含在 AWT 包中，所以 Swing 组件并不能取代 AWT 包中的全部类。

9.3 框 架

创建一个图形用户界面需要创建一个框架或一个 Applet 来存放用户界面组件。本节介绍如何创建一个框架。

9.3.1 创建框架

使用 JFrame 类创建一个框架，JFrame 的类图如表 9-1 所示。

表 9-1 JFrame 类图

javax.swing.JFrame	功　能
+JFrame()	创建一个无标题框架
+JFrame(title:String)	创建一个带特定标题的框架
+setSize(width:int, height:int):void	设置框架的大小
+setLocation(x:int, y:int):void	设置框架左上角的位置
+setVisible(visible:boolean):void	设置 true 显示框架
+setDefaultCloseOperation(mode:int):void	指定框架关闭时的动作
+setLocationRelativeTo(c:Component):void	设置和特定组件相关的框架位置
+pack():void	自动设置框架大小以在框架中放置组件

程序清单 9-1 创建了一个框架。

【程序清单 9-1】　MyFrame.java

```
import javax.swing.*;
public class MyFrame {
  public static void main(String[] args) {
    JFrame frame = new JFrame("MyFrame");    // 创建框架
    frame.setSize(400, 300);                 // 设置框架大小
    frame.setLocationRelativeTo(null);       // New since JDK 1.4
    frame.setDefaultCloseOperation(JFrame.EXIT_ON_CLOSE);
    frame.setVisible(true);                  // 显示框架
  }
}
```

运行程序 MyFrame 时，屏幕上显示一个窗口，如图 9-2 所示。

调用 setLocationRelativeTo(null) 方法可以在屏幕上居中显示框架。调用 setDefaultCloseOperation(JFrame.EXIT_ON_CLOSE) 方法，当关闭框架时程序结束，如果不使用这条语句，即使关闭框架程序也不会结束，这时必须在 Windows 系统中的 DOS 提示符窗口中按下 Ctrl+C 组合键才能结束程序。

图 9-2　标题为 MyFrame 的框架

9.3.2　向框架中添加组件

图 9-2 显示的框架是空的。可以使用 add 方法向框架中添加组件，如程序清单 9-2 所示。

【程序清单 9-2】　MyFrameWithComponents.java

```java
import javax.swing.*;
public class MyFrameWithComponents {
    public static void main(String[] args) {
        JFrame frame = new JFrame("MyFrameWithComponents");
        // Add a button into the frame
        JButton jbtOK = new JButton("OK");
        frame.add(jbtOK);
        frame.setSize(400, 300);
        frame.setDefaultCloseOperation(JFrame.EXIT_ON_CLOSE);
        frame.setLocationRelativeTo(null); // Center the frame
        frame.setVisible(true);
    }
}
```

使用 new JButton("OK") 创建一个 Button 对象，并把按钮添加到框架中。定义在 Container 类中的 add(Component comp) 方法给容器中添加一个 Component 实例。由于 JButton 是 Component 的一个子类，所以 JButton 的实例也是 Component 的实例。

可以使用 remove 方法从容器中删除组件。下面的语句从容器中删除一个按钮：

```java
container.remove(jbtOK);
```

运行程序 MyFrameWithComponents 时，显示如图 9-3 所示的窗口。无论如何调整窗口的大小，按钮都会显示在框架中央，并且占据整个框架。按钮位置是由框架的默认布局管理器决定的，在下一节会介绍几种布局管理器的使用。

图 9-3　在框架中添加一按钮

9.3.3　面板(JPanel)作为子容器解决引例中的计算器界面设计

面板可以作为子容器，用于组织用户界面组件。javax.swing.Jpanel 与 JFrame 不同，JFrame 是顶层容器，可以独立显示在屏幕上，而 JPanel 不是顶层容器，它必须放置到其他容器内，也可以放到另一个面板中。JPanel 是 JComponent 的一个子类，所以 JPanel 是轻型组件。另外 JPanel 通常作为画布，而不要在 JFrame 上绘图。

可以使用 JPanel()创建一个带默认 FlowLayout 管理器的面板，当然也可以使用
JPanel(LayoutManager)自己设置需要的管理器。向面板中添加组件使用 add(Component)
方法。例如：

```
JPanel panel = new JPanel();
Button button = new JButton("OK");
panel.add(button);
```

以上代码把按钮添加到面板中。因为面板不能独立显示，可以把面板添加到框架中。
下面语句可以实现该功能：

```
f.add(p);
```

大家还记得在 9.1 节中的引例问题吧，设计一个计算器界面。程序清单 9-3 通过演示
一个计算器界面向大家展示面板可以作为子容器，如图 9-4 所示。

【程序清单 9-3】　　TestPanels.java

```
import java.awt.*;
import javax.swing.*;
public class TestPanels extends JFrame {
   public TestPanels() {
       //创建面板 p1，为面板设置布局管理器
       JPanel p1 = new JPanel();
       p1.setLayout(new GridLayout(4, 4));
       //给面板 p1 添加按钮
       for (int i = 1; i <= 9; i++) {
          p1.add(new JButton("" + i));
       }
       p1.add(new JButton("" + 0));
       p1.add(new JButton("CE"));
       p1.add(new JButton("="));
       p1.add(new JButton("+"));
       p1.add(new JButton("-"));
       p1.add(new JButton("*"));
       p1.add(new JButton("/"));
       //创建面板 p2 来安置文本域和面板 p1
       JPanel p2 = new JPanel(new BorderLayout());
       p2.add(new JTextField("Result to be displayed here"),
       BorderLayout.NORTH);
       p2.add(p1, BorderLayout.CENTER);
       //把 p1 添加到框架上
       add(p2, BorderLayout.CENTER);
   }
   /** Main 方法 */
   public static void main(String[] args) {
       TestPanels frame = new TestPanels();
       frame.setTitle("The View of a little computer");
       frame.setSize(400, 250);
       frame.setLocationRelativeTo(null);     // 框架居中显示
```

```
        frame.setDefaultCloseOperation(JFrame.EXIT_ON_CLOSE);
        frame.setVisible(true);
    }
}
```

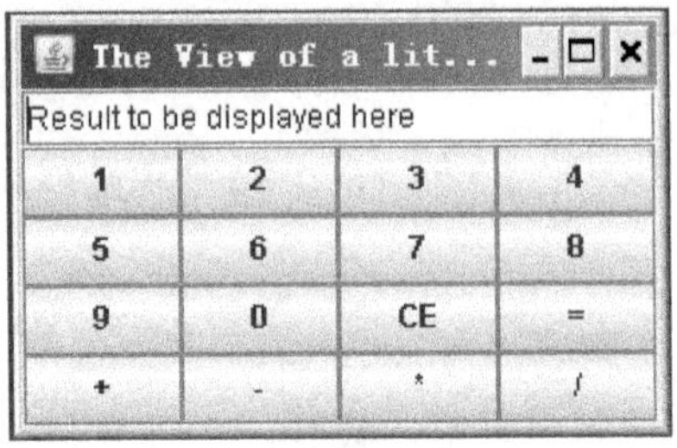

图 9-4　使用面板组织组件

setLayout()方法是在 java.awt.Container 中定义的。由于 JPanel 是 Container 的子类，所以可以给面板设置新的布局管理器。程序把面板 p1 设置成 4 行 4 列的网格布局，将数字、清除按钮、等号按钮和运算按钮放在一组，然后创建面板 p2，布局管理器采用 BorderLayout，把显示结果的文本域放在 p2 的北区，把 p1 放在中央。再把 p2 加到框架上。

9.4　布局管理器

在许多其他窗口系统中，用户界面组件是通过使用硬编码的像素度量管理的。例如，将按钮放在窗口的(10,10)位置处。使用硬编码的像素度量，这个用户界面可能在一个系统中看上去很好，但在另外系统中就显示不正常。Java 的布局管理器提供了一种层面的抽象，自动将用户界面映射到所有的窗口系统。

Java 的 GUI 组件都放置在容器中，它们的位置是由容器的布局管理器来管理的。布局管理器由布局管理器类来创建。

使用 setLayout(aLayoutManager)方法在容器中设置布局管理器。例如，可以使用下面的语句创建一个 XLayout 的实例，并将它置于一个容器内。

```
LayoutManager layoutManager = new XLayout();
container.setLayout(layoutManager);
```

本节介绍几种常用的布局管理器：FlowLayout、GridLayout、BorderLayout、CardLayout、BoxLayout。

9.4.1　FlowLayout 布局管理器

FlowLayout 是最简单的布局管理器。按照组件添加的顺序，从左到右将组件排列到容器中。当放满一排时就开始新的一行。可以使用 3 个常量 FlowLayout.RIGHT、FlowLayout.CENTER 和 FlowLayout.LEFT 来指定组件对齐方式。还可以指定组件之间以像素为单位的间隔。FlowLayout 的类图如表 9-2 所示。

表 9-2　FlowLayout 类图

java.awt.FlowLayout	功　　能
-alignment:int	布局管理器的对齐方式(默认值：CENTER)
-hgap:int	布局管理器的水平间隔(默认值：5 个像素)
-vgap:int	布局管理器的垂直间隔(默认值：5 个像素)
+FlowLayout()	创建一个默认的 FlowLayout 管理器
+FlowLayout(alignment:int)	创建一个指定对齐格式的 FlowLayout 管理器
+FlowLayout(alignment:int,hgap:int,vgap:int)	创建一个指定对齐格式、水平间隔和垂直间隔的 FlowLayout 管理器

在类中提供了这些数据域的 get 和 set 方法，但是为了保持 UML 图简洁将其省略。程序清单 9-4 演示了流布局的使用。该程序采用 FlowLayout 管理器向这个框架添加 3 个标签和 3 个文本域，运行效果如图 9-5 所示。

【程序清单 9-4】　ShowFlowLayout.java

```java
import javax.swing.JLabel;
import javax.swing.JTextField;
import javax.swing.JFrame;
import java.awt.FlowLayout;
public class ShowFlowLayout extends JFrame {
   public ShowFlowLayout() {
     //JFrame() 构造方法被隐式调用
     //设置 FlowLayout 管理器，组件居左排列,水平间隔为10，垂直间隔为20
     setLayout(new FlowLayout(FlowLayout.LEFT, 10, 20));
     //向框架中添加标签和文本域
     add(new JLabel("First Name"));
     add(new JTextField(8));
     add(new JLabel("MI"));
     add(new JTextField(1));
     add(new JLabel("Last Name"));
     add(new JTextField(8));
   }
   /** Main 方法*/
   public static void main(String[] args) {
       ShowFlowLayout frame = new ShowFlowLayout();
       frame.setTitle("ShowFlowLayout");
       frame.setSize(200, 200);
       frame.setLocationRelativeTo(null); // Center the frame
       frame.setDefaultCloseOperation(JFrame.EXIT_ON_CLOSE);
       frame.setVisible(true);
   }
}
```

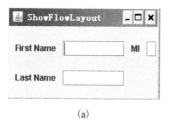
(a)

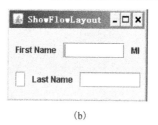
(b)

图 9-5　组件被 FlowLayout 管理器逐个地添加到容器中的每一行

这个例子使用和程序清单 9-2 不同的风格创建框架，程序清单 9-2 的框架用 JFrame 类创建，而这个例子扩展 JFrame 类，创建一个 ShowFlowLayout 的类。在 Main 方法中创建一个 ShowFlowLayout 的实例。ShowFlowLayout 的构造方法在框架中创建并放置组件。这是创建 GUI 应用程序推荐的风格。

从现在开始，大多数 GUI 主类都扩展 JFrame 类。这个主类的构造方法创建用户界面。Main 方法创建这个主类实例，然后显示这个框架。在这个例子中，使用 FlowLayout 管理器在框架中放置组件。改变框架的大小，组件会自动地重新排列以适合框架。在图 9-5(a) 中第一行有 4 个组件，但在图 9-5(b) 中第一行有 3 个组件，这是因为框架变窄了。

假设在一个框架中将同一个按钮添加 10 次，那么框架会出现 10 个按钮吗？答案是不会，像按钮这样的 GUI 组件只可以添加到一个容器中，且只能在一个容器中出现一次。

9.4.2　GridLayout 布局管理器

GridLayout 管理器以网格的形式管理组件，按照它们添加的顺序从左到右排列，先是第一行，接着是第二行，依此类推。GridLayout 布局管理器的类图如表 9-3 所示。

表 9-3　GridLayout 类图

java.awt.GridLayout	功　　能
-rows:int	布局管理器的行数
-columns:int	布局管理器的列数
-hgap:int	布局管理器的水平间隔
-vgap:int	布局管理器的垂直间隔
+GriLayout()	创建一个默认的 GridLayout 管理器
+GridLayout(rows:int,columns:int)	创建一个指定行数和列数的 GridLayout
+GridLayout(rows:int,columns:int,hgap:int,vgap:int)	创建一个指定行数和列数、水平间隔、垂直间隔的 GridLayout

可以指定网格的行数和列数。基本规则如下：

(1) 行数或列数可以为 0，但不能同时为 0。如果行数为 0，那么网格的行数将根据实际需要来定；如果列数为 0，那么网格的列数将根据实际需要来定。

(2) 如果行数和列数都不为 0，那么行数就作为主导参数，即行数固定，列数根据实际需要来定。

【程序清单 9-5】　ShowGridLayout.java 给出演示 GridLayout 的程序。

```java
import javax.swing.JLabel;
import javax.swing.JTextField;
import javax.swing.JFrame;
import java.awt.GridLayout;
public class ShowGridLayout extends JFrame {
    public ShowGridLayout() {
    //JFrame() 构造方法被隐式调用
    //设置框架的布局管理器为网格布局
    setLayout(new GridLayout(3,2,5,5));
    //setLayout(new GridLayout(3,10,5,5));
    //setLayout(new GridLayout(4,2,5,5));
    //setLayout(new GridLayout(2,2,5,5));
```

```
    //向框架添加标签和文本域
    add(new JLabel("First Name"));
    add(new JTextField(8));
    add(new JLabel("MI"));
    add(new JTextField(1));
    add(new JLabel("Last Name"));
    add(new JTextField(8));
  }
  /** Main 方法 */
  public static void main(String[] args) {
    ShowGridLayout frame = new ShowGridLayout();
    frame.setTitle("ShowGridLayout");
    frame.setSize(200, 200);
    frame.setLocationRelativeTo(null); // Center the frame
    frame.setDefaultCloseOperation(JFrame.EXIT_ON_CLOSE);
    frame.setVisible(true);
  }
}
```

这个程序类似程序清单 9-4。采用 GridLayout 管理器来排列 3 个标签和 3 个文本域，如图 9-6 所示。

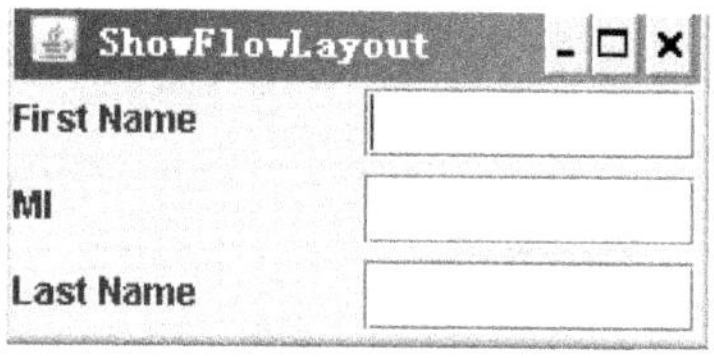

如果改变框架大小，6 个组件的相对位置不会发生变化，即行数、列数、间隔不会发生变化。在 GridLayout 管理器的容器中，所有组件大小都一样。

如果用 setLayout（new GridLayout（3,10,5,5））代替 setLayout(new Grid Layout (3,2,5,5))，行数还是 3 行 2 列。

图 9-6　GridLayout 管理器添加组件

如果用 setLayout（ new GridLayout（4,2,5,5））或者用 setLayout（new GridLayout（2,2,5,5））来代替第 2 行呢？大家自己试试吧。

9.4.3　BorderLayout 布局管理器

BorderLayout 是 JFrame 的默认布局管理器，它提供了一种较为复杂的组件布局管理方案。BorderLayout 管理器把容器分为 5 个区：东区、西区、南区、北区和中央。使用 add(Component, index) 方法将组件添加到容器中。index 是一个常量，取值为 BorderLayout.EAST、BorderLayout.WEST、BorderLayout.SOUTH、BorderLayout.NORTH 或 BorderLayout.CENTER。BorderLayout 的类图如表 9-4 所示。

表 9-4　BorderLayout 类图

java.awt.BorderLayout	功　　能
-hgap:int	管理器的水平间隔(默认值：0)
-vgap:int	管理器的垂直间隔(默认值：0)
+BorderLayout()	创建一个默认的 BorderLayout 管理器
+BorderLayout(hgap:int,vgap:int)	创建一个带水平间隔、垂直间隔的 BorderLayout 管理器

当然在类中提供了相应数据域的 get 和 set 方法，在此省略没有列出来。

组件根据它们最合适的尺寸和在容器中的位置来放置。南北组件可以水平拉伸，东西组件可以垂直拉伸，中央组件既可以水平拉伸，也可以垂直拉伸。

程序清单 9-6 采用 Borderlayout 管理器，把 5 个按钮放置到框架中，5 个按钮分别为 East、West、South、North 和 Center。

【程序清单 9-6】   ShowBorderLayout.java

```java
import javax.swing.JButton;
import javax.swing.JFrame;
import java.awt.BorderLayout;
public class ShowBorderLayout extends JFrame {
  public ShowBorderLayout() {
    //设置 BorderLayout 管理器，水平间隔为 5，垂直间隔为 10
    setLayout(new BorderLayout(5, 10));

    //向框架中添加按钮
    add(new JButton("East"), BorderLayout.EAST);
    add(new JButton("South"), BorderLayout.SOUTH);
    add(new JButton("West"), BorderLayout.WEST);
    add(new JButton("North"), BorderLayout.NORTH);
    add(new JButton("Center"), BorderLayout.CENTER);
  }
  /** Main 方法 */
  public static void main(String[] args) {
    ShowBorderLayout frame = new ShowBorderLayout();
    frame.setTitle("ShowBorderLayout");
    frame.setSize(300, 200);
    frame.setLocationRelativeTo(null); // Center the frame
    frame.setDefaultCloseOperation(JFrame.EXIT_ON_CLOSE);
    frame.setVisible(true);
  }
}
```

将按钮添加到框架中（第 10～14 行），如图 9-7 所示。注意 BorderLayout 的 add 方法和 FlowLayout 和 GridLayout 的 add 方法不同，使用 BorderLayout 管理器需要指定组件放置的位置，而 FlowLayout 和 GridLayout 中组件添加顺序决定了组件在容器中的位置。

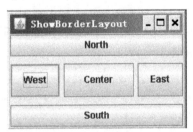

图 9-7   将按钮添加到框架中

9.4.4   CardLayout 布局管理器

CardLayout 布局管理器将组件像卡片一样放置在容器中。每次仅有一张卡片是可见的，即容器里放了一叠卡片。卡片顺序由容器中组件内部顺序决定。CardLayout 管理器可以指定一叠组件在容器中的水平间隔和垂直间隔。

CardLayout 定义了相应的方法，允许应用程序顺序翻动卡片或直接显示指定卡片，如表 9-5 所示。

表 9-5　CardLayout 布局管理器

java.awt.CardLayout	功　　能
-hgap:int	水平间隔
-vgap:int	垂直间隔
+CardLayout()	创建无间隔的默认 CardLayout 布局管理器
+CardLayout(hgap:int,vgap:int)	创建指定间隔的默认 CardLayout 布局管理器
+first(parent:Container):void	翻到第一张卡片
+last(parent:Container):void	翻到最后一张卡片
+next(parent:Container):void	翻到下一张卡片
+previous(parent:Container):void	翻到最后一张卡片，如果当前卡片是第一张，则翻到最后一张卡片
+show(parent:Container，name：String):void	翻到指定卡片

要将组件添加到容器中，可以使用 add(Component c,String name) 方法，其中参数 name 指定卡片标识，参数 c 指定添加的组件。

程序清单 9-7 给出一个程序，在框架中创建两个面板，第一个面板使用 CardLayout 放置 6 个带图像的标签；第二个面板上添加了 4 个按钮，当单击按钮时可以实现相应的翻动卡片操作。

【程序清单 9-7】　ShowCardLayout.java

```java
import java.awt.*;
import java.awt.event.*;
import javax.swing.*;

public class ShowCardLayout extends JFrame {
    private CardLayout cardLayout = new CardLayout(20, 10);
    private JPanel cardPanel = new JPanel(cardLayout);
    private JButton jbtFirst, jbtNext, jbtPrevious, jbtLast;
    private final int NUM_OF_FLAGS = 6;

    public ShowCardLayout() {
        cardPanel.setBorder(
        new javax.swing.border.LineBorder(Color.red));

        //把 6 个带图像的标签添加到面板 cardPanel 上
        for (int i = 1; i <= NUM_OF_FLAGS; i++) {
            JLabel label =
                new JLabel(new ImageIcon("image/flag" + i + ".gif"));
            cardPanel.add(label, String.valueOf(i));
        }
        //创建面板 p，把 4 个按钮添加到面板 p 上
        JPanel p = new JPanel();
```

```java
        p.add(jbtFirst = new JButton("First"));
        p.add(jbtNext = new JButton("Next"));
        p.add(jbtPrevious= new JButton("Previous"));
        p.add(jbtLast = new JButton("Last"));
        //把面板 p 和面板 cardPanel 添加到框架
        add(cardPanel, BorderLayout.CENTER);
        add(p, BorderLayout.SOUTH);
        //为事件源注册监听器
        jbtFirst.addActionListener(new ActionListener() {
            public void actionPerformed(ActionEvent e) {
              //显示面板中的第一个组件
              cardLayout.first(cardPanel);
            }
        });
        jbtNext.addActionListener(new ActionListener() {
            public void actionPerformed(ActionEvent e) {
              //显示下一个组件
              cardLayout.next(cardPanel);
            }
        });
        jbtPrevious.addActionListener(new ActionListener() {
            public void actionPerformed(ActionEvent e) {
              //显示前一个组件
              cardLayout.previous(cardPanel);
            }
        });
        jbtLast.addActionListener(new ActionListener() {
            public void actionPerformed(ActionEvent e) {
              //显示最后一个组件
              cardLayout.last(cardPanel);
            }
        });
    }

    //main 方法
    public static void main(String[] args) {
        ShowCardLayout frame = new ShowCardLayout();
        frame.setTitle("ShowCardLayout");
        frame.setDefaultCloseOperation(JFrame.EXIT_ON_CLOSE);
        frame.setSize(400,320);
        Dimension d = Toolkit.getDefaultToolkit().getScreenSize();
        frame.setLocation((d.width - frame.getSize().width) / 2,
            (d.height - frame.getSize().height) / 2);
        frame.setVisible(true);
    }
}
```

在程序第 5 行创建了一个 CardLayout 实例；程序第 7 行指定面板的布局管理器为

CardLayout 布局管理器；第 15～19 行创建 6 个带图像的标签，接着把 6 个标签添加到 cardPanel 面板上。然后 CardLayout 布局管理器实例调用 first(cardPanel)、next(cardPanel)、previous(cardPanel)等方法显示相应的标签组件，如图 9-8 所示。

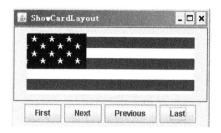

图 9-8　程序在 CardLayout 面板上显示带图像的标签

9.4.5　BoxLayout 布局管理器

javax.swing.BoxLayout 是一个 Swing 布局管理器，它将容器中的组件按水平方向排成一行，或者按垂直方向排成一列。当组件排成一行时，每个组件可以有不同的宽度，当排成一列时，每个组件可以有不同的高度。

创建 BoxLayout 类的对象的构造方法是 BoxLayout(Container target, int axis)，其中 target 是容器对象，表示要为哪个容器设置此布局管理器；参数 axis 有两个取值：BoxLayout. X_AXIS 和 BoxLayout.Y_AXIS。BoxLayout.X_AXIS 指明组件水平排列，BoxLayout.Y_AXIS 指明组件垂直排列。例如，下面代码为面板 panel 设置水平放置的布局管理器 BoxLayout：

```
JPanel panel= new JPanel();
BoxLayout boxLayout = new BoxLayout(panel, BoxLayout.X_AXIS);
panel.setLayout(boxLayout);
```

仍然需要为 panel 调用 setLayout 方法来设置布局管理器。

可以在任何容器中使用 BoxLayout，但是使用 Box 类会更简单，Box 类是一个带 BoxLayout 管理器的容器。使用下面两个静态方法可以各自创建一个 Box 容器：

```
Box box1 = Box.createHorizontal Box();//box1 容器内组件水平放置
Box box2 = Box.createVertical Box();   //box2 容器内组件垂直放置
box1.add(new JButton("BottonA"));      //向 Box 容器中添加一个按钮
```

水平 box 容器中组件从左到右放置，垂直 box 容器中组件从上到下放置。

除了创建 Box 实例的静态方法之外，Box 类还提供了 4 种透明组件 Glue、Strut、Rigid 和 Filler，可以将这些透明组件插入其他组件中间，使组件产生隔开的效果，从而设计出更符合客户要求的界面。下面分别介绍 3 种透明组件。

（1）Glue(胶条)：将 Glue 两边的组件挤到容器两端。

（2）Strut：将 Strut 两端的组件按水平或垂直方向指定的大小分开。

（3）Rigid(刚性块)：可以设置二维的限制，将组件按水平或垂直方向指定的大小分开。

程序清单 9-8 创建水平 box 容器和垂直 box 容器。水平 box 容器包含两个按钮，为打开和保存按钮；垂直 box 容器包含 4 个按钮，用来选择 4 个不同的国家。单击垂直 box 容器中的按钮，会显示相应国家的国旗，如图 9-9 所示。

【程序清单 9-8】 ShowBoxLayout.java

```java
import java.awt.*;
import javax.swing.*;
import java.awt.event.*;
public class ShowBoxLayout extends JFrame {
    //使用 Box 类的静态方法创建了水平 box 容器和垂直 box 容器
    //box 容器的布局总是 BoxLayout
    private Box box1 = Box.createHorizontalBox();
    private Box box2 = Box.createVerticalBox();
    //创建一个标签来显示国旗
    private JLabel jlblFlag = new JLabel();
    //创建带国旗的图标
    private ImageIcon imageIconUS = new ImageIcon("us.gif");
    private ImageIcon imageIconCanada = new ImageIcon("ca.gif");
    private ImageIcon imageIconNorway = new ImageIcon("norway.gif");
    private ImageIcon imageIconGermany = new ImageIcon("germany.gif");
    private ImageIcon imageIconOpen = new ImageIcon("open.gif");
    private ImageIcon imageIconSave = new ImageIcon("save.gif");
    //创建按钮选择图标
    private JButton jbtUS = new JButton("US");
    private JButton jbtCanada = new JButton("Canada");
    private JButton jbtNorway = new JButton("Norway");
    private JButton jbtGermany = new JButton("Germany");
    public ShowBoxLayout() {
        //在两个按钮之间添加大小为 20 的水平 Strut
        box1.add(new JButton(imageIconOpen));
        box1.add(Box.createHorizontalStrut(20));
        box1.add(new JButton(imageIconSave));
        //US 按钮和 Canada 按钮之间添加大小为 8 的水平 Strut
        box2.add(jbtUS);
        box2.add(Box.createVerticalStrut(8));
        box2.add(jbtCanada);
        //Canada 按钮和 Norway 按钮之间添加 Glue
        box2.add(Box.createGlue());
        box2.add(jbtNorway);
        //Norway 按钮和 Germany 按钮之间添加刚性块
        box2.add(Box.createRigidArea(new Dimension(10, 8)));
        box2.add(jbtGermany);
        box1.setBorder(new javax.swing.border.LineBorder(Color.red));
        box2.setBorder(new javax.swing.border.LineBorder(Color.black));
        add(box1, BorderLayout.NORTH);
        add(box2, BorderLayout.EAST);
        add(jlblFlag, BorderLayout.CENTER);
        //为按钮注册监听器
        jbtUS.addActionListener(new ActionListener() {
            public void actionPerformed(ActionEvent e) {
                jlblFlag.setIcon(imageIconUS);
            }
```

```
  });
  jbtCanada.addActionListener(new ActionListener() {
    public void actionPerformed(ActionEvent e) {
      jlblFlag.setIcon(imageIconCanada);
    }
  });
  jbtNorway.addActionListener(new ActionListener() {
    public void actionPerformed(ActionEvent e) {
      jlblFlag.setIcon(imageIconNorway);
    }
  });
  jbtGermany.addActionListener(new ActionListener() {
    public void actionPerformed(ActionEvent e) {
      jlblFlag.setIcon(imageIconGermany);
    }
  });
  }
  public static void main(String[] args) {
    ShowBoxLayout frame = new ShowBoxLayout();
    frame.setTitle("ShowBoxLayout");
    frame.setSize(300, 200);
    frame.setLocationRelativeTo(null); // 框架居中
    frame.setDefaultCloseOperation(JFrame.EXIT_ON_CLOSE);
    frame.setVisible(true);
  }
}
```

图 9-9　在 Box 容器中放置组件

9.5　事　件　处　理

在程序清单 9-7 和程序清单 9-8 中我们创建了容器组件、标签组件和按钮组件，当单击按钮后，会有相应的事件发生，并作出相应的操作。这就用到 Java 事件处理。

9.5.1　基本概念

1. 事件（event）

在图形用户界面中，事件是指用户使用鼠标或键盘对窗口中的组件进行交互操作时所

发生的事情，如单击按钮、输入文字或单击鼠标等。事件用来描述发生了什么事情。事件
类的根类是 java.util.EventObject。Java 的一些事件类继承层次关系如图 9-10 所示。

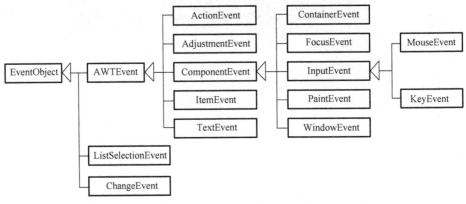

图 9-10 一些事件类继承关系

2. 事件源（event source）

事件源是指能够产生事件的对象，如按钮、鼠标、文本框、键盘等。

3. 事件监听器（listener）

事件监听器是一个对事件源进行监视的对象，当事件源上发生事件时，事件监听器能
够监听、捕获到，并调用相应的接口方法对发生的事件做出相应的处理。事件监听器对象
必须实现对应的监听接口，这些接口都继承自 java.util.EventListener 接口。

4. 事件处理接口

Java 语言的 java.awt.event 包及 javax.swing.event 包中包含了许多用来处理事件的类和接
口，如表 9-6 所示。为了处理事件源发生的事件，监听器会自动调用相应的方法来处理事件。
那么调用什么方法呢？Java 中规定创建监听器对象的类必须实现相应的事件接口，即该类一
定要实现相应接口中的所有抽象方法，也就是处理事件的事件处理方法包含在对应的接口中。

表 9-6 Java 常用事件类和接口

事件类	监听器接口	监听器方法（处理器）
ActionEvent	ActionListener	actionPerformed（ActionEvent e）
ItemEvent	ItemListener	itemStateChanged（ItemEvent e）
KeyEvent	KeyListener	keyPressed（KeyEvent e） keyReleased（KeyEvent e） keyTyped（KeyEvent e）
ContainerEvent	ContainerListener	ComponentAdded（ContainerEvent e） ComponentRemoved（ContainerEvent e）
WindowEvent	WindowListener	windowClosing（WindowEvent e） windowOpened（WindowEvent e） windowiconified（WindowEvent e） windowDeiconified（WindowEvent e） windowClosed（WindowEvent e） windowActivated（WindowEvent e） windowDeactivated（WindowEvent e）

续表

事件类	监听器接口	监听器方法(处理器)
TextEvent	TextListener	textValueChanged(TextEvent e)
MouseEvent	MouseListener	mousePressed(MouseEvent e)
		mouseReleased(MouseEvent e)
		mouseEntered(MouseEvent e)
		mouseExited(MouseEvent e)
		mouseClicked(MouseEvent e)
	MouseMotionListener	mouseDraged(MouseEvent e)
		mouseMoved(MouseEvent e)
ComponentEvent	ComponentListener	componentMoved(ComponentEvent e)
		componentHidden(ComponentEvent e)
		componentResized(ComponentEvent e)
		componentShown(ComponentEvent e)
FocusEvent	FocusListener	focusGained(FocusEvent e)
		focusLost(FocusEvent e)
AdjustmentEvent	AdjustmentListener	adjustmentValueChanged(AdjustmentEvent e)
ChangeEvent	ChangeListener	stateChange(ChangeEvent e)
ListSelectionEvent	ListSelectionListener	valueChanged(ListSelectionEvent e)

　　事件对象包含与事件相关的一切属性。可以使用 EventObject 类中的实例方法 getSource()
获得事件的事件源对象。EventObject 类的子类处理特定类型的事件，例如动作事件、窗口
事件、鼠标事件以及按键事件。表 9-7 列出了外部用户动作、事件源对象和触发的事件类型。

表 9-7　用户动作、源对象和事件类型

用户动作	事件源对象	触发的事件类型
单击按钮	JButton	ActionEvent
在文本域按回车键	JTextField	ActionEvent
选定一个新项	JComboBox	ItemEvent、ActionEvent
选定(多)项	JList	ListSelectionEvent
单击复选框	JCheckBox	ItemEvent、ActionEvent
单击单选按钮	JRadioButton	ItemEvent、ActionEvent
选定菜单项	JMenuItem	ActionEvent
移动滚动条	JScrollBar	AdjustmentEvent
移动滚动条	JSlider	ChangeEvent
窗口打开、关闭、最小化、还原或关闭中	Window	WindowEvent
按下、释放、单击、回车或退出鼠标	Component	MouseEvent
移动或拖动鼠标	Component	MouseEvent
释放或按下键盘上的键	Component	KeyEvent
在容器中添加或删除组件	Container	ContainerEvent
组件移动、改变大小、隐藏或显示	Component	ComponentEvent
组件获取或失去焦点	Component	FocusEvent

9.5.2　事件处理机制

　　在 Java 中，事件不是由事件源自己来处理的，而是交给事件监听器处理。将事件源(如
按钮)和对事件的具体处理分离开来，这就是事件委托处理模型。
　　事件委托处理模型由产生事件的事件源、封装了事件相关信息的事件对象和事件监听
器 3 方面构成。例如，当单击按钮时会触发一个操作事件(ActionEvent)，Java 虚拟机会产

生一个"事件对象"来表示这个事件，然后把这个事件对象传递给"事件监听器"，由事件监听器指定相关的接口方法进行处理。为了使事件监听器能接收到事件对象的信息，事件监听器要事先向事件源进行注册。事件处理示意图如图 9-11 所示。

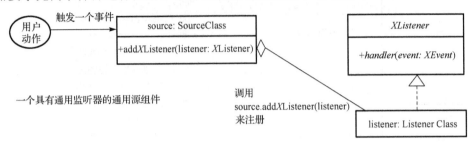

图 9-11　事件处理示意图

9.5.3　事件处理实现方式

产生事件监听器是事件驱动的重要环节，下面看看如何在程序中进行事件监听。

现在编写一个程序，用两个按钮控制圆的大小。

1. 采用内部类作为事件监听器

(1) 定义一个 Listener 类作为监听器类，实现 ActionListener 接口。

(2) 创建一个监听器，并将它分别注册到 Enlarge 按钮和 Shrink 按钮上。

(3) 在 CirclePanel 中添加一个名为 enlarge 的方法和 shrink 方法，来增加和缩减半径，然后重新绘制面板。

(4) 实现 Listener 中的 actionPerform 方法来判定事件源，执行相应的方法。

(5) 为了让 actionPerformed 可以引用变量 canvas，将 Listener 定义为 Control Circle 的内部类。

【程序清单 9-9】　ControlCircle.java

```java
import javax.swing.*;
import java.awt.*;
import java.awt.event.*;
public class ControlCircle extends JFrame {
  private JButton jbtEnlarge = new JButton("Enlarge");
  private JButton jbtShrink = new JButton("Shrink");
  private CirclePanel canvas = new CirclePanel();
    public ControlCircle() {
    JPanel panel = new JPanel(); // Use the panel to group buttons
    panel.add(jbtEnlarge);
    panel.add(jbtShrink);
    this.add(canvas, BorderLayout.CENTER);   // Add canvas to center
    this.add(panel, BorderLayout.SOUTH); // Add buttons to the frame
    Listener listener = new Listener();
    jbtEnlarge.addActionListener(listener);
    jbtShrink.addActionListener(listener);
  }
```

```
/** Main方法 */
public static void main(String[] args) {
  JFrame frame = new ControlCircle();
  frame.setTitle("ControlCircle2");
  frame.setLocationRelativeTo(null); // Center the frame
  frame.setDefaultCloseOperation(JFrame.EXIT_ON_CLOSE);
  frame.setSize(200, 200);
  frame.setVisible(true);
}
class Listener implements ActionListener { //内部类
  public void actionPerformed(ActionEvent e) {
    System.out.println(new java.util.Date(e.getWhen()));
    if (e.getSource() == jbtEnlarge)
      canvas.enlarge();
    else if (e.getSource() == jbtShrink)
      canvas.shrink();
  }
}
class CirclePanel extends JPanel { //内部类
  private int radius = 5;          //Default circle radius
  /** 放大圆*/
  public void enlarge() {
    radius++;
    repaint();
  }
  /** 缩小圆 */
  public void shrink() {
    radius--;
    repaint();
  }
  /** 重画圆 */
  protected void paintComponent(Graphics g) {
    super.paintComponent(g);
    g.drawOval(getWidth() / 2 - radius, getHeight() / 2 - radius,
      2 * radius, 2 * radius);
  }
}
}
```

程序运行效果如图 9-12 所示。用户单击 Enlarge 和 Shrink 按钮来放大和缩小圆的尺寸。

图 9-12　单击按钮来放大和缩小圆的尺寸

2. 采用匿名内部类作为事件监听器

可以使用匿名内部类简化内部类监听器。匿名内部类一步完成定义内部类和创建一个该类的实例，程序清单 9-9 中的内部类可以用匿名内部类替换如下：

```
//内部类 Listener
public ControlCircle() {
    //忽略
    Listener listener = new Listener();
    jbtEnlarge.addActionListener(listener);
    jbtShrink.addActionListener(listener);
}
class Listener implements ActionListener {      //内部类
    public void actionPerformed(ActionEvent e) {
        System.out.println(new java.util.Date(e.getWhen()));
        if (e.getSource() == jbtEnlarge)
          canvas.enlarge();
        else if (e.getSource() == jbtShrink)
        canvas.shrink();
    }
}
//匿名内部类
public ControlCircle() {
    //忽略
    jbtEnlarge.addActionListener(new ActionListener(){
            public void actionPerformed(ActionEvent e) {
                System.out.println(new java.util.Date(e.getWhen()));
                canvas.enlarge();
            }
        } );
    jbtShrink.addActionListener(new ActionListener(){
        public void actionPerformed(ActionEvent e) {
            System.out.println(new java.util.Date(e.getWhen()));
            canvas.enlarge();
        }
      } );
}
```

3. 采用自定制框架作为事件监听器

可以定义一个自定制框架类实现 ActionListener。改写程序清单 9-9，如程序清单 9-10所示。

【程序清单 9-10】　ControlCircle3.java

```
import javax.swing.*;
import java.awt.*;
import java.awt.event.*;
public class ControlCircle3 extends JFrame implements ActionListener{
    private JButton jbtEnlarge = new JButton("Enlarge");
```

```java
    private JButton jbtShrink = new JButton("Shrink");
    private CirclePanel canvas = new CirclePanel();
    public ControlCircle3() {
        JPanel panel = new JPanel();
        panel.add(jbtEnlarge);
        panel.add(jbtShrink);
        this.add(canvas, BorderLayout.CENTER);
        this.add(panel, BorderLayout.SOUTH);
        jbtEnlarge.addActionListener(this);    //框架作为按钮监听器
        jbtShrink.addActionListener(this);
    }
    public void actionPerformed(ActionEvent e){
        System.out.println(new java.util.Date(e.getWhen()));
        if (e.getSource() == jbtEnlarge)
            canvas.enlarge();
        else if (e.getSource() == jbtShrink)
            canvas.shrink();
    }

    /** Main 方法 */
    public static void main(String[] args){
        JFrame frame = new ControlCircle3();
        frame.setTitle("ControlCircle3");
        frame.setLocationRelativeTo(null);
        frame.setDefaultCloseOperation(JFrame.EXIT_ON_CLOSE);
        frame.setSize(200, 200);
        frame.setVisible(true);
    }
    class CirclePanel extends JPanel {    //内部类
        private int radius = 5; // Default circle radius
        /** 放大圆 */
        public void enlarge() {
          radius++;
          repaint();
        }
        /** 缩小圆 */
        public void shrink() {
          radius--;
          repaint();
        }
        /** 重画圆 */
        protected void paintComponent(Graphics g) {
          super.paintComponent(g);
          g.drawOval(getWidth() / 2 - radius, getHeight() / 2 - radius,
            2 * radius, 2 * radius);
        }
    }
}
```

框架类扩展 JFrame 并实现 ActionListener 接口，因此该类是一个动作事件的监听器类。该监听器注册两个按钮，单击按钮，触发一个 ActionEvent，然后调用监听器的 actionPerformed 方法。actionPerformed 方法使用事件的 getSource()方法来检查产生事件的事件源，确定哪个按钮触发了该事件。

但是这个设计不是很好，因为一个类承担了太多的职责。最好设计一个监听器类，它只负责处理事件，这种设计更容易阅读和维护。

9.5.4　适配器

在定义事件监听器时，应实现相应的事件监听器接口，而接口的实现必须实现其中定义的所有方法。但在大部分情况下，应用程序只需用到接口中定义的一部分方法。为了简化程序设计，Java 还提供了事件处理的适配器(Adapter)。

适配器是一种抽象类，它实现了相应的事件监听器接口。定义事件监听器类时应将适配器作为父类，从而继承适配器的事件处理方法。使用适配器的好处是不必将事件监听器的所有方法都列出，而只重写有操作的方法即可。常用的适配器包括焦点适配器、按键适配器、鼠标适配器以及窗口适配器等。下面就介绍这几种适配器。

1.　焦点适配器

焦点适配器(FocusAdapter)实现了 FocusListener 接口，定义如下：

```
public abstract class FocusAdapter implements FocusListener {
    public void focusGained(FocusEvent e){}
    public void focusLost(FocusEvent e){}
}
```

2.　按键适配器

按键适配器(KeyAdapter)实现了 KeyListener 接口，定义如下：

```
public abstract class KeyAdapter implements KeyListener{
    public void keyTyped(KeyEvent e){}
    public void keyPressed(KeyEvent e){}
    public void keyReleased(KeyEvent e){}
}
```

3.　鼠标适配器

鼠标适配器(MouseAdapter)实现了 MouseListener、MouseWheelListener、MouseMotion Listener 三个接口，定义如下：

```
public abstract class MouseAdapter implements MouseListener,
                    MouseWheelListener,MouseMotionListener{
    public void mouseClicked(MouseEvent e){}
    public void mousePressed(MouseEvent e){}
    public void mouseReleased(MouseEvent e){}
    public void mouseEntered(MouseEvent e){}
    public void mouseExited(MouseEvent e){}
```

```
   public void mouseWheelMoved(MouseWheelEvent e){}
   public void mouseDragged(MouseEvent e){}
   public void mouseMoved(MouseEvent e){}
   }
```

4. 窗口适配器

窗口适配器（WindowAdapter）实现了 WindowListener、WindowStateListener、Window FocusListener 三个接口，定义如下：

```
public abstract class WindowAdapter implements
WindowListener, WindowStateListener, WindowFocusListener{
   public void windowOpened(WindowEvent e){}
   public void windowClosing(WindowEvent e){}
   public void windowClosed(WindowEvent e){}
   public void windowIconified(WindowEvent e){}
   public void windowDeiconified(WindowEvent e){}
   public void windowActivated(WindowEvent e){}
   public void windowDeActivated(WindowEvent e){}
   public void windowStateChanged(WindowEvent e){}
   public void windowGainedFocus(WindowEvent e){}
   public void windowLostFocus(WindowEvent e){}
}
```

程序清单 9-11 演示了按键适配器和窗口适配器的功能。程序功能为：把所按键的键符显示在窗口上，当按下 Esc 键时，退出程序。

【**程序清单 9-11**】　KeyEvnetDemo.java

```
import javax.swing.*;
import java.awt.*;
import java.awt.event.*;
public class KeyEventDemo extends JFrame {
   private JLabel showInf = new JLabel();
   public KeyEventDemo() {
      add(showInf, BorderLayout.CENTER);
      addKeyListener(new KeyLis());
      addWindowListener(new WindowAdapter(){
         public void windowClosing(WindowEvent e){
            System.exit(0);
         }
      });
}

   /** Main 方法 */
   public static void main(String[] args) {
      JFrame frame = new KeyEventDemo();
      frame.setTitle("KeyEnentDemo");
      frame.setLocationRelativeTo(null);   // Center the frame
      frame.setSize(200, 200);
```

```
    frame.setVisible(true);
  }
class KeyLis extends KeyAdapter {        //内部类
  public void keyTyped(KeyEvent e) {
    char c = e.getKeyChar();
    showInf.setText("你按下的键是" + c + "");
  }
  public void keyPressed(KeyEvent e) {
    if(e.getKeyCode() == 27)
      System.exit(0);
  }
 }
}
```

运行效果如图 9-13 所示。

图 9-13　KeyAdapter 适配器和 WindowAdapter 演示

本窗口对键盘事件进行处理,采用内部类 KeyLis 作为键盘事件的监听器,该类是 KeyAdapter 类的子类, 只对键盘按下和键盘敲击两种事件处理。程序同时也处理了窗口事件, 由于 WindowListener 接口有 7 个抽象方法,所以采用了 WindowAdapter 只需要对窗口关闭进行处理 即可。该例子对框架注册了多个不同类型的监听器,可以实行对不同类型的事件进行处理。

9.6　创建图形用户界面

前几节简单介绍了一些 GUI 组件。接下来我们主要介绍常用的 Swing 组件。由于本节 基本组件所使用的成员方法主要是继承其直接父类或更高层父类的成员方法,为了正确使 用这些组件,有必要了解每个组件的继承关系。如图 9-14 所示是 Swing 组件的继承关系图。

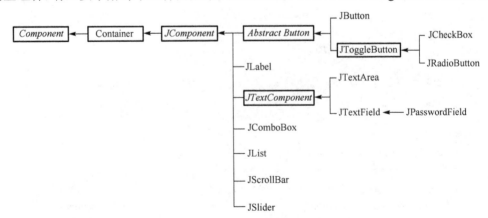

图 9-14　常用的 Swing 组件继承关系图

9.6.1　按钮 JButton

按钮组件是 GUI 中最常用的一种组件。按钮组件可以捕捉到用户的单击,同时利用按钮事件处理机制处理相应用户的请求。JButton 类是 Swing 包提供的组件,当用户单击按钮时,会产生一个 ActionEvent 事件。Jbutton 按钮组件对应的事件处理机制如表 9-8 所示。

表 9-8　JButton 组件对应的事件处理机制

处理按钮事件的接口	ActionListener
接口中处理事件的方法	actionPerformed(ActionEvent e)
事件源获得监视器的方法	addActionListener()

JButton 创建的按钮组件可以使用字符串作为按钮的名字,也可以使用图像作为按钮的标签显示出来。其构造方法如表 9-9 所示。

表 9-9　JButton 类构造方法及作用

按钮构造方法	作　　用
JButton()	创建一个按钮
JButton(Icon icon)	创建一个带图像标签的按钮
JButton(String text)	创建一个带文字标签的按钮
JButton(String text，Icon icon)	创建一个带文字标签和图像标签的按钮

程序清单 9-12 向大家演示按钮的功能,程序功能为:创建两个按钮,让其中一个 JButton 在各个状态中使用不同的图标。运行效果如图 9-15 所示。

【程序清单 9-12】　　ButtonAndIcon.java

```java
import java.awt.*;
import java.awt.event.*;
import javax.swing.*;
public class ButtonAndIcon extends JFrame {
    private static Icon[] icons = new Icon[] {
        new ImageIcon("image/image0.jpg"),
        new ImageIcon("image/image1.jpg"),
        new ImageIcon("image/image2.jpg"),
        new ImageIcon("image/image3.jpg"),
        new ImageIcon("image/image4.jpg"), };
    private JButton jbt1, jbt2 = new JButton("Disable");
    private boolean flag = false;
    public ButtonAndIcon(String title) {
        super(title);
        jbt1 = new JButton("Pet", icons[0]);
        setLayout(new FlowLayout());        //使用流式布局管理器
        jbt1.addActionListener(new ActionListener() {     //注册监听器
            public void actionPerformed(ActionEvent e) {
                if (flag) {
                    jbt1.setIcon(icons[0]);
                    flag = false;
                } else {
                    jbt1.setIcon(icons[1]);
```

```
                    flag = true;
                }
            jbt1.setVerticalAlignment(JButton.TOP);

            jbt1.setHorizontalAlignment(JButton.LEFT);
        }
    });
    jbt1.setRolloverEnabled(true);
    jbt1.setRolloverIcon(icons[2]);    //按钮 1 设置翻转图标
    jbt1.setPressedIcon(icons[3]);     //按钮 1 设置按下图标
    jbt1.setDisabledIcon(icons[4]);
    jbt1.setToolTipText("Click Me!"); //显示工具提示文本
    add(jbt1);
    jbt2.addActionListener(new ActionListener() {
        public void actionPerformed(ActionEvent e) {
            if (jbt1.isEnabled()) {
                jbt1.setEnabled(false);        //使按钮失效
                jbt2.setText("Enable");
            } else {
                jbt1.setEnabled(true);          //使按钮有效
                jbt2.setText("Disable");
            }
        }
    });
    add(jbt2);
}
public static void main(String[] args) {
    ButtonAndIcon frame = new ButtonAndIcon("use Buttons");
    frame.setSize(350,300);
    frame.setTitle("按钮的用法");
    frame.setLocationRelativeTo(null);
    frame.setDefaultCloseOperation(JFrame.EXIT_ON_CLOSE);
    frame.setVisible(true);
}
}
```

图 9-15　按钮演示效果图

9.6.2　文本组件

这一节我们主要介绍 Swing 包中用于处理文本的组件，包括 JTextField 文本框、JPasswordField 密码框、JTextArea 文本区域和 JLabel 标签组件。

1. JTextField 文本框和 JPasswordField 密码框

JTextField 文本框和 JPasswordField 密码框用来接收用户输入的单行文本。JPasswordField 密码框会把用户输入的字符以 "*" 显示出来，当然也可以设置其他字符来回显密码。

JTextFileld 文本框类的构造方法及其功能如表 9-10 所示。

表 9-10　JtextField 类构造方法及功能

构造方法	功　　能
JTextField()	创建一个空文本框
JTextField(String text)	创建一个带字符串的文本框
JTextField(int columns)	创建一个初始字段长度为 columns 的文本框
JTextField(String text, int columns)	创建一个初始字符串为 text、字段长为 columns 的文本框
JTextField(Document doc,String text, int columns)	创建一个文本框，文本存储格式为 doc，初始文本为 text，字段长度为 columns

JPasswordField 密码框的构造方法及其功能如表 9-11 所示。

表 9-11　JPasswordField 类构造方法及功能

构造方法	功　　能
JPasswordField()	创建一个空的密码框
JPasswordField(String text)	创建一个带指定字符串的密码框
JPasswordField(int columns)	创建一个初始字段长度为 columns 的密码框
JPasswordField(String text,int columns)	创建一个初始字符串为 text、字段长度为 columns 的密码框
JPasswordField(Document doc,String text, int columns)	创建一个指定文件存储格式，初始字符串为 text，字段长度为 columns 的密码框

JtextField 文本框中主要方法及其功能如表 9-12 所示。

表 9-12　JTextField 类构造方法及功能

方　　法	功　　能
void setText(String str)	通过字符串参数 str 修改文本内容
String getText()	获取文本框中的文本内容

对于 JTextField 文本框组件和 JPasswordField 密码框组件，当用户输入文本内容并按回车键时，会产生一个 ActionEvent 事件。JTextField 文本框组件和 JPasswordField 密码框组件对应的事件处理机制如表 9-13 所示。

表 9-13　JTextField 文本框组件和 JPasswordField 密码框组件对应的事件处理机制

处理文本事件的接口	ActionListener
接口中处理事件的方法	actionPerformed(ActionEvent e)
事件源获得监视器的方法	addActionListener()

2. JTextArea 文本区域

JTextArea 文本区域是用来接收用户多行文本输入的组件。JTextArea 文本区域的构造方法如表 9-14 所示。

表 9-14　　JTextArea 文本区域构造方法及作用

构造方法	功　　能
JTextArea()	创建一个 JTextArea 文本框
JTextArea(String text)	创建一个带字符串的 JTextArea 文本框
JTextArea(int columns)	创建一个初始字段长度为 columns 的 JTextArea 文本框
JTextArea(String text, int columns)	创建一个初始字符串为 text、字段长为 columns 的 JTextArea 文本框
JTextArea(Document doc,String text, int columns)	创建一个 JTextArea 文本框，文本存储格式为 doc，初始文本为 text，字段长度为 columns

JtextArea 文本域中主要方法及其功能如表 9-15 所示。

表 9-15　　JTextArea 文本区域主要方法及其功能

方　　法	功　　能
void setText(String str)	通过字符串参数 str 修改文本内容
String getText()	获取文本框中的文本内容
void insert(String s, int x)	在文本域中指定位置插入指定文本
void replaceRange(String s, int begin, int end)	用给定的文本内容 s 替换文本域中从 begin 开始到 end 位置结束之间的文本内容
void append(String s)	在文本域中文本末尾附加文本内容

　　JTextArea 文本域组件的事件响应由 JTextComponent 类决定。JTextComponent 类可以引发两种事件：DocumentEvent 事件和 UndoableEditEvent 事件。当用户修改了文本域中的文本，如进行文本的增、删、改等操作时，JTextComponent 类引发 DocumentEvent 事件；当用户在文本域上撤销所做的增、删、改等操作时，JTextComponent 类将引发 UndoableEditEvent 事件。

　　3．JLable 标签组件

　　JLable 标签组件是用来显示图像或一行只读文本的组件，不能动态地编辑文本。该类的主要构造方法及其功能如表 9-16 所示。

表 9-16　　JLable 标签组件主要构造方法及其功能

构造方法	功　　能
JLabel()	建立一个空白的标签
JLabel(String text)	建立一个带文本的标签，文字排列默认是 LEFT
JLabel(Icon image)	建立一个带图标的标签，图标的默认排列时 CENTER
JLabel(Icon image,int horizontalAlignment)	建立一个带图标的标签，并指定图标的排列方式
JLabel(String text,int horizontalAlignment)	建立一个带文本的标签，并制定文本的排列方式

　　通过程序清单 9-13 向大家演示文本组件的功能，程序功能为：用图形用户界面实现求两个整数之间的质数的计算，把输出结果写到文本域中，并统计质数个数，运行效果如图 9-16 所示。

【程序清单 9-13】　　TextAreaDemo.java

```java
import javax.swing.*;
import java.awt.*;
import java.awt.event.*;
public class TextAreaDemo extends JFrame {
```

```java
static JTextField tf1 = new JTextField();
static JTextField tf2 = new JTextField();
static JTextField tf3 = new JTextField();
static TextArea ta = new TextArea();
static JTextField tf4 = new JTextField();
static int num = 0;
//*******显示滚动条**************
JScrollPane jp = new JScrollPane(ta,
            JScrollPane.VERTICAL_SCROLLBAR_AS_NEEDED,
            JScrollPane.HORIZONTAL_SCROLLBAR_AS_NEEDED);
public TextAreaDemo() {
    setLayout(null);        //取消布局管理器
    add(jp);
    Button bt1 = new Button("求 a 到 b 之间的质数");
    bt1.setBackground(Color.cyan);
    //注册事件监听器
    bt1.addActionListener(new GetAction());
    Button bt2 = new Button("质数个数");
    bt2.setBackground(Color.cyan);
    JLabel l1 = new JLabel("输入 a 的值");
    JLabel l2 = new JLabel("输入 b 的值");
    JLabel l3 = new JLabel("每行显示个数");
    tf1.setBounds(new Rectangle(40, 50, 70, 25));
   tf2.setBounds(new Rectangle(130, 50, 70, 25));
    tf3.setBounds(new Rectangle(220, 50, 70, 25));
    ta.setEditable(true);
    ta.setText("");
    //设置文本区的颜色
    ta.setBackground(Color.white);
    ta.setBounds(new Rectangle(40, 100, 300, 200));
    l1.setBounds(new Rectangle(40, 20, 60, 25));
    l2.setBounds(new Rectangle(130, 20, 60, 25));
    l3.setBounds(new Rectangle(220, 20, 120, 25));
    bt1.setBounds(new Rectangle(340, 20, 120, 25));
    bt2.setBounds(new Rectangle(40, 330, 50, 25));
    tf4.setBounds(new Rectangle(130, 330, 70, 25));
    //加入组件
    add(l1);
    add(l2);
    add(l3);
    add(bt1);
    add(bt2);
    add(ta);
    add(tf1);
    add(tf2);
    add(tf3);
    add(tf4);
}
```

```java
    public static void main(String[] args) {
        TextAreaDemo frame = new TextAreaDemo();
        frame.setLocation(300, 300);
        frame.setSize(new Dimension(500, 400));
        frame.setTitle("文本组件的用法");
        frame.setLocationRelativeTo(null);
        frame.setDefaultCloseOperation(JFrame.EXIT_ON_CLOSE);
        frame.setVisible(true);
    }
}
class GetAction implements ActionListener {
    public void actionPerformed(ActionEvent e) {
        //获取文本框中的内容
        String text1 = TextAreaDemo.tf1.getText();
        String text2 = TextAreaDemo.tf2.getText();
        String text3 = TextAreaDemo.tf3.getText();
        int a, b, c;
        //将字符串类型转换为整型
        a = Integer.parseInt(text1);
        b = Integer.parseInt(text2);
        c = Integer.parseInt(text3);
        boolean flag;
        int m, p, count = 0;
        for (m = a; m <= b; m++) {
            flag = true;
            for (p = 2; p <= m / 2; p++)
                //判断是否是质数
                if (m % p == 0) {
                    flag = false;
                    break;
                }
            if (flag) {
                // 将整型转换为字符串类型
                String str = String.valueOf(m);
                // 将质数写入文本区中
                TextAreaDemo.ta.append(str + "    ");
                count++;
                TextAreaDemo.num++;
                //每行中只输出 c 个质数
                if (count % c == 0) {
                    TextAreaDemo.ta.append("\n");
                }
            }
        }
        String str = String.valueOf(TextAreaDemo.num);
        TextAreaDemo.tf4.setText(str);
    }
}
```

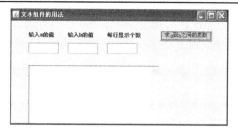

图 9-16　文本组件的用法运行效果

9.6.3　单选按钮 JRadioButton

单选按钮 JRadioButton 有选中与未选中两种状态。一般情况下，JRadioButton 单选按钮都会成组出现，每组中的多个单选按钮只能选中一个。当其中一个按钮被选中后，其他按钮处于未选中状态。因此，单选按钮常用于一组互斥的选项。要把多个单选按钮组成一组，要用到 ButtonGroup 类。ButtonGroup 在 javax.swing 包中，首先生成一个 ButtonGroup 对象，再把多个单选按钮添加到 ButtonGroup 对象中。代码如下：

```
JRadioButton rb1 = new JRadioButton();
JRadioButton rb2 = new JRadioButton();
JRadioButton rb3 = new JRadioButton();
ButtonGroup group = new ButtonGroup();
group.add(rb1);
group.add(rb2);
group.add(rb3);
```

JRadioButton 组件类的主要构造方法及功能如表 9-17 所示。

表 9-17　JRadioButton 组件类的主要构造方法及作用

构造方法	功　　能
JRadioButton()	创建一个单选按钮
JRadioButton(Icon icon)	创建一个带图标的单选按钮
JRadioButton(Icon icon, boolean selected)	创建一个带图标的单选按钮，设置初始状态，true 表示选中，false 表示未选中
JRadioButton(String text)	创建一个带文本的单选按钮
JRadioButton(String text, boolean selected)	创建一个带文本的单选按钮，设置初始状态，true 表示选中，false 表示未选中
JRadioButton(String text, Icon icon)	创建一个既带文本又带图标的单选按钮
JRadioButton(String text, Icon icon, boolean selected)	创建一个既带文本又带图标的单选按钮，设置初始状态，true 表示选中，false 表示未选中

当单击单选按钮时，会产生一个 ItemEvent 事件，对应的事件处理机制如表 9-18 所示。

表 9-18　单击单选按钮的事件处理机制

处理单选按钮的事件接口	ItemListener
接口中处理事件的方法	ItemStateChanged(ItemEvent e)
单选按钮注册监听器的方法	addItemListener()

9.6.4　复选框 JCheckBox

复选框 JCheckBox 同样有选中与未选中状态。复选框可以带标签，也可以不带标签。

当选中复选框时，框中显示一个复选标记，否则为空。复选框的主要构造方法及功能如表 9-19 所示。

表 9-19　JCheckBox 复选框的构造方法及作用

构造方法	功　能
JCheckBox()	创建一个复选框
JCheckBox(Icon icon)	创建一个带图标的复选框
JCheckBox(Icon icon, boolean selected)	创建一个带图标的复选框，设置初始状态，true 表示选中，false 表示未选中
JCheckBox(String text)	创建一个带文本的复选框
JCheckBox(String text, boolean selected)	创建一个带文本的复选框，设置初始状态，true 表示选中，false 表示未选中
JCheckBox(String text, Icon icon)	创建一个既带文本又带图标的复选框
JCheckBox(String text, Icon icon, boolean selected)	创建一个既带文本又带图标的复选框，设置初始状态，true 表示选中，false 表示未选中

当单击复选框时，会产生一个 ItemEvent 事件，对应的事件处理机制如表 9-20 所示。

表 9-20　复选框对应的事件处理机制

处理复选框的事件接口	ItemListener
接口中处理事件的方法	ItemStateChanged(ItemEvent e)
复选框注册监听器的方法	addItemListener()

通过程序清单 9-14 演示单选按钮和复选框组件的功能，程序功能为：创建一组单选按钮和一组复选框。选择的内容在文本域中显示。运行程序，在文本框中输入姓名，选择性别和爱好，单击 List 按钮，将刚才操作的信息显示在文本域中。单击 Save(保存)按钮，将信息保存到文件中。运行效果如图 9-17 所示。

【程序清单 9-14】　MyCheckBox.java

```java
import javax.swing.*;
import java.awt.*;
import java.awt.event.*;
import java.io.*;
class Favorite extends JPanel {
    JCheckBox jCheck1, jCheck2, jCheck3, jCheck4;
    Favorite() {
        jCheck1 = new JCheckBox("运动");
        jCheck2 = new JCheckBox("电脑");
        jCheck3 = new JCheckBox("音乐");
        jCheck4 = new JCheckBox("读书");
        add(new JLabel("爱好"));
        //把 JCheckBox 加载到 JPanel 上
        add(jCheck1);
        add(jCheck2);
        add(jCheck3);
        add(jCheck4);
    }
}
class SexBox extends JPanel {
```

```java
        JRadioButton jRadio1, jRadio2;
        SexBox() {
            jRadio1 = new JRadioButton("男");
            jRadio2 = new JRadioButton("女");
            add(new JLabel("性别"));
            ButtonGroup bg = new ButtonGroup();
            bg.add(jRadio1);
            bg.add(jRadio2);
            add(jRadio1);
            add(jRadio2);
        }
}
class NameBox extends JPanel {
        JTextField jText;
        NameBox() {
            jText = new JTextField(10);
            add(new JLabel("姓名"));
            add(jText);
        }
}
class ThreeButton extends JPanel {
        JButton jButton1, jButton2, jButton3;
        ThreeButton() {
            jButton1 = new JButton("List");
            jButton2 = new JButton("Save");
            jButton3 = new JButton("Exit");
            add(jButton1);
            add(jButton2);
            add(jButton3);
        }
}
public class MyCheckBox extends JFrame implements ActionListener {
        Favorite favorite;
        SexBox sex;
        NameBox name;
        JTextArea JText;
        ThreeButton tb;
        MyCheckBox() {
            setLayout(new FlowLayout());
            testInit();
            add(name);
            add(sex);
            add(favorite);
            add(new JScrollPane(JText));
            add(tb);
            setBounds(300, 200, 280, 300);
        }
        void testInit() {
```

```
        favorite = new Favorite();
        sex = new SexBox();
        name = new NameBox();
        JText = new JTextArea(5, 22);
        tb = new ThreeButton();
        tb.jButton1.addActionListener(this); //注册自身的监听器
        tb.jButton2.addActionListener(this);
        tb.jButton3.addActionListener(this);
    }
    public void actionPerformed(ActionEvent e) {
        Object o = e.getSource();
        if (o == tb.jButton1) {
            StringBuffer ss = new StringBuffer("\n 姓名: " +
name.jText.getText() + "\n 性别: ");
            if (sex.jRadio1.isSelected() == true)
                ss.append("男");
            else if (sex.jRadio2.isSelected() == true)
                ss.append("女");
            ss.append("\n 爱好: ");
            if (favorite.jCheck1.isSelected() == true)
                ss.append("运动");
            if (favorite.jCheck2.isSelected() == true)
                ss.append(" 电脑");
            if (favorite.jCheck3.isSelected() == true)
                ss.append(" 音乐");
            if (favorite.jCheck4.isSelected() == true)
                ss.append(" 读书");
            JText.setText(ss.toString());
        }
        else if (o == tb.jButton2) {
            try {
                FileWriter out = new FileWriter("D:\\temp.txt", true);
                out.write("\r\n" + JText.getText());
                JOptionPane.showMessageDialog(this, "文件已保存!");
                out.close();
            } catch (Exception ex) {
            }
        }
        else
            System.exit(0);
    }
    public static void main(String[] args) {
        MyCheckBox frame = new MyCheckBox();
        frame.setTitle("单选按钮和复选框的用法");
        frame.setLocationRelativeTo(null);
        frame.setDefaultCloseOperation(JFrame.EXIT_ON_CLOSE);
        frame.setVisible(true);
    }
}
```

图 9-17　单选按钮和复选框的用法

9.6.5　下拉列表 JComboBox

下拉列表用来提供一列选项，用户可以在下拉列表提供的选项中进行单项选择。JComboBox 的主要方法及功能如表 9-21 所示。

表 9-21　JComboBox 的主要构造方法及功能

方　　法	功　　能
JComboBox()	创建一个默认的空下拉列表
JComboBox(Object[] items)	创建一个包含指定数组中元素的下拉列表
void addItem(Object item)	向下拉列表中添加一个条目
void insertItemAt(Object item,int index)	在指定位置向下拉列表添加一个条目
void removeItem(Object item)	从下拉列表中删除一个条目
void removeItemAt(int index)	从下拉列表中删除指定位置的条目
void removeAllItems()	删除下拉列表中的全部选项
Object getSelectedItem()	获取并返回当前被选择的选项

下拉列表的拖动、单击等操作会产生一个 ItemEvent 事件。对应的事件处理机制如表 9-22 所示。

表 9-22　下拉列表对应的事件处理机制

处理下拉列表的事件接口	ItemListener
接口中处理事件的方法	ItemStateChanged(ItemEvent e)
下拉列表注册监听器的方法	addItemListener()

程序清单 9-15 演示下拉列表的功能，程序功能为：创建一个图书信息查询界面，查询时可以根据不同的条件进行查询，把查询条件作为下拉列表的选项供用户选择，把选择的内容保存到变量里，作为数据检索的条件。运行效果如图 9-18 所示。

【程序清单 9-15】　JComboBoxDemo.java

```
import javax.swing.*;
import java.awt.*;
import java.awt.event.*;
public class JComboBoxDemo extends JFrame{
    private JLabel selectionLabel;
    private JComboBox fieldComboBox;
    private JPanel topPanel;
    private JButton retrievalButton;
    private JTextField keywordText;
    private Container container;
```

```
        String fieldSelected;
        public JComboBoxDemo(){
            selectionLabel = new JLabel("检索方式");
            //创建分类检索下拉列表
            fieldComboBox = new JComboBox();
            fieldComboBox.addItem("书名");
            fieldComboBox.addItem("ISBN 号");
            fieldComboBox.addItem("作者");
            fieldComboBox.addItem("出版社");
            //下拉列表注册事件监听器
            fieldComboBox.addItemListener(new ItemListener(){
                public void itemStateChanged(ItemEvent event){
                    if(event.getStateChange() == ItemEvent.SELECTED){
                        fieldSelected = (String)fieldComboBox.
                        getSelectedItem();
                    }
                }
            });
            keywordText = new JTextField("java", 20);
            retrievalButton = new JButton("检索");
            topPanel = new JPanel();
            topPanel.setLayout(new FlowLayout(FlowLayout.LEFT));
            topPanel.add(selectionLabel);
            topPanel.add(fieldComboBox);
            topPanel.add(keywordText);
            topPanel.add(retrievalButton);
            add(topPanel,BorderLayout.NORTH);
        }
        public static void main(String[] args){
            JComboBoxDemo frame = new JComboBoxDemo();
            frame.setTitle("下拉列表的用法");
            frame.pack();
            frame.setLocationRelativeTo(null);
            frame.setDefaultCloseOperation(JFrame.EXIT_ON_CLOSE);
            frame.setVisible(true);
        }
    }
```

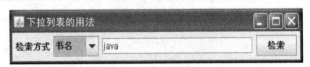

图 9-18　下拉列表的用法

9.6.6　滑块 JSlider

滑块 JSlider 允许用户通过滑块来选择某一个范围内的数值，滑块允许进行连续数值间的选择。JSlider 类的主要构造方法及功能如表 9-23 所示。

表 9-23　JSlider 类的主要构造方法及功能

构造方法	功　能
JSlider()	创建一个默认的水平滑块
JSlider(int min, int max)	创建一个带特定的 min 和 max 的水平滑块
JSlider(int min, int max, intvalue)	创建一个带特定的 min、max 和值的水平滑块
JSlider(int orientation)	创建一个带特定方向的滑块
JSlider(int min, int max, int value, int orientation)	创建一个带特定方向、带特定的 min、max 和值的水平滑块

拖动滑块会产生一个 ChangeEvent 事件，对应的事件处理机制如表 9-24 所示。

表 9-24　JSlider 类对应的事件处理机制

处理滑块的事件接口	ChangeListener
接口中处理事件的方法	stateChanged(ChangeEvent event)
下拉列表注册监听器的方法	addChangeListener()

JSlider 类的主要方法及功能如表 9-25 所示。

表 9-25　JSlider 主要方法及功能

方　法	功　能
void setPaintTicks(boolean b)	设置滑块上的标尺
void setMajorTickSpacing(int units)	设定滑块标尺间的最大间距
void setMinorTickSpacing(int units)	设定滑块标尺间的最小间距
void setPaintLabels(boolean b)	设置滑块标尺上的标签

程序清单 9-16 演示滑动条的功能，程序功能为：创建水平滑动条和垂直滑动条各一个，通过滑动条游标控制消息面板上的字符串移动。运行效果如图 9-19 所示。

【**程序清单 9-16**】　SliderDemo.java

```java
import java.awt.*;
import javax.swing.*;
import javax.swing.event.*;
public class SliderDemo extends JFrame {
  //创建水平和垂直滑动条
  private JSlider jsldHort = new JSlider(JSlider.HORIZONTAL);
  private JSlider jsldVert = new JSlider(JSlider.VERTICAL);
  //创建消息面板
  private MessagePanel messagePanel =
    new MessagePanel("Welcome to Java");
  public static void main(String[] args) {
    SliderDemo frame = new SliderDemo();
    frame.setTitle("SliderDemo");
    frame.setLocationRelativeTo(null); // Center the frame
    frame.setDefaultCloseOperation(JFrame.EXIT_ON_CLOSE);
    frame.pack();
    frame.setVisible(true);
  }
  public SliderDemo() {
    //Add sliders and message panel to the frame
```

```
setLayout(new BorderLayout(5, 5));
add(messagePanel, BorderLayout.CENTER);
add(jsldVert, BorderLayout.EAST);
add(jsldHort, BorderLayout.SOUTH);
//分别为水平滑动条和垂直滑动条设置各项属性
jsldHort.setMaximum(50);
jsldHort.setPaintLabels(true);
jsldHort.setPaintTicks(true);
jsldHort.setMajorTickSpacing(10);
jsldHort.setMinorTickSpacing(1);
jsldHort.setPaintTrack(false);
jsldVert.setInverted(true);
jsldVert.setMaximum(10);
jsldVert.setPaintLabels(true);
jsldVert.setPaintTicks(true);
jsldVert.setMajorTickSpacing(10);
jsldVert.setMinorTickSpacing(1);
//为水平滑动条注册监听器
jsldHort.addChangeListener(new ChangeListener() {
  /** 处理水平滑动条滑动*/
  public void stateChanged(ChangeEvent e) {
    // getValue() and getMaximumValue() 返回 int, 但是最好精确些
    // 使用 double
    double value = jsldHort.getValue();
    double maximumValue = jsldHort.getMaximum();
    double newX = (value * messagePanel.getWidth() /
      maximumValue);
    messagePanel.setXCoordinate((int)newX);
  }
});
//为垂直滑动条注册监听器
jsldVert.addChangeListener(new ChangeListener() {
  /** Handle scroll bar adjustment actions */
  public void stateChanged(ChangeEvent e) {
    // getValue() and getMaximumValue() 返回 int, 但是最好精确些
    // 使用 double
    double value = jsldVert.getValue();
    double maximumValue = jsldVert.getMaximum();
    double newY = (value * messagePanel.getHeight() /
      maximumValue);
    messagePanel.setYCoordinate((int) newY);
  }
});
}
}
//消息面板类, 在面板上绘制字符串, 字符串可以上下左右移动
class MessagePanel extends JPanel {
    /** 显示的消息 */
```

```java
private String message = "Welcome to Java";
/** 显示消息的 x 坐标 */
private int xCoordinate = 20;
/** 显示消息的 y 坐标 */
private int yCoordinate = 20;
/** 消息是否居中 */
private boolean centered;
/** 消息水平或垂直移动的间隔 */
private int interval = 10;
/** 默认构造方法 */
public MessagePanel() {
}
/** 带指定消息的构造方法 */
public MessagePanel(String message) {
  this.message = message;
}
/** 消息访问器 */
public String getMessage() {
  return message;
}
/** 消息修改器 */
public void setMessage(String message) {
  this.message = message;
  repaint();
}
/** x 坐标的访问器 */
public int getXCoordinate() {
  return xCoordinate;
}
/** x 坐标的修改器 */
public void setXCoordinate(int x) {
  this.xCoordinate = x;
  repaint();
}
/** y 坐标的访问器 */
public int getYCoordinate() {
  return yCoordinate;
}
/** Set y 坐标的修改器 */
public void setYCoordinate(int y) {
  this.yCoordinate = y;
  repaint();
}
/** 居中访问器 */
public boolean isCentered() {
  return centered;
}
/** 居中修改器*/
```

```java
public void setCentered(boolean centered) {
  this.centered = centered;
  repaint();
}
/** 间隔的访问器 */
public int getInterval() {
  return interval;
}
/** 间隔的修改器 */
public void setInterval(int interval) {
  this.interval = interval;
  repaint();
}
/** Paint the message */
protected void paintComponent(Graphics g) {
  super.paintComponent(g);
  if (centered) {
      // Get font metrics for the current font
      FontMetrics fm = g.getFontMetrics();
      // Find the center location to display
      int stringWidth = fm.stringWidth(message);
      int stringAscent = fm.getAscent();
      // Get the position of the leftmost character in the baseline
      xCoordinate = getWidth() / 2 - stringWidth / 2;
      yCoordinate = getHeight() / 2 + stringAscent / 2;
  }
  g.drawString(message, xCoordinate, yCoordinate);
}
/** 向左移动消息*/
public void moveLeft() {
  xCoordinate -= interval;
  repaint();
}
/** 向右移动消息*/
public void moveRight() {
  xCoordinate += interval;
  repaint();
}
/** 向上移动消息*/
public void moveUp() {
  yCoordinate -= interval;
  repaint();
}
/** 向下移动消息 */
public void moveDown() {
  yCoordinate += interval;
  repaint();
}
```

```
    /** 重写 getPreferredSize 方法 */
    public Dimension getPreferredSize() {
      return new Dimension(200, 30);
    }
}
```

图 9-19 JSlider 的用法

9.6.7 菜单 JMenu

菜单在图形用户界面 GUI 中的用途非常广泛。菜单的组织方式为：一个菜单条 JMenuBar 中可以包含多个菜单 JMenu，一个菜单 JMenu 中可以包含多个菜单项 JMenuItem。有一些支持菜单的组件，如 JFrame、JDialog 都有一个 setJMenuBar(JMenuBar bar) 的方法，可以用这个方法来设置菜单条。

下面这个例子创建两个菜单，多个菜单项。当选择某一菜单项时，在窗口中显示不同的卡片，同时在窗口底部显示所选的菜单项。当选择"状态栏"菜单时，窗口底部的显示标签可见，否则不可见。有的菜单项加了快捷键，如 Shift + O、Ctrl + Shift + S、Ctrl + X 等。

【程序清单 9-17】 JMenuTest.java

```java
import java.awt.*;
import java.awt.event.*;
import javax.swing.*;
public class JMenuTest extends JFrame{
    //JFrame f = new JFrame("Swing 菜单的用法");
    JLabel stat = new JLabel("这里是状态栏");
    Font ft = new Font("Serif", Font.BOLD, 18);
    JLabel l1 = new JLabel("这里是西方", JLabel.CENTER);
    JLabel l2 = new JLabel("这里是中央", JLabel.CENTER);
    JLabel l3 = new JLabel("这里是东方", JLabel.CENTER);
    JPanel pc = new JPanel();
    CardLayout c = new CardLayout();
    //创建一个布局管理器 CardLayout 的对象 c
    //创建一个菜单条
    JMenuBar menubar1 = new JMenuBar();
        // 定义一个菜单对象 menu1，其标题为"视图"
    JMenu menu1 = new JMenu("视图");
    JMenu menu2 = new JMenu("编辑");
    //定义一个菜单项 JMenuItem 的对象 item1，其标题为"西方"
    JMenuItem item1 = new JMenuItem("西方");
    JMenuItem item2 = new JMenuItem("中央");
    JMenuItem item3 = new JMenuItem("东方");
    JMenuItem item4 = new JMenuItem("剪下");
```

```java
        JMenuItem item5 = new JMenuItem("粘贴");
    //定义一个菜单项 JCheckBoxMenuItem 的对象 item6，其标题为"状态栏"，选中
        JCheckBoxMenuItem item6 = new JCheckBoxMenuItem("状态栏", true);
        JMenuItem item7 = new JMenuItem("退出");
        public static void main(String args[]) {
            JMenuTest frame = new JMenuTest();
            frame.setSize(350,300);
            frame.setTitle("Swing 菜单的用法");
            frame.setLocationRelativeTo(null);
            frame.setDefaultCloseOperation(JFrame.EXIT_ON_CLOSE);
            frame.setVisible(true);
        }
        public JMenuTest() {
            //添加 menu1 到 MenuBar 中
            menubar1.add(menu1);
            menubar1.add(menu2);
            menu1.add(item1);
            menu1.add(item2);
            //为菜单项 item1 添加快捷键 Shift-O
            item1.setAccelerator(KeyStroke.getKeyStroke('O', KeyEvent.
SHIFT_MASK,false));
            item2.setAccelerator(KeyStroke.getKeyStroke('S',
KeyEvent.CTRL_MASK + KeyEvent.SHIFT_MASK, false));
            //为菜单项 eitm2 添加快捷键 Ctrl+Shift-S
            menu1.add(item3);
            menu1.addSeparator();
            // 添加一条分隔线
            menu1.add(item6);
            menu1.addSeparator();
            menu1.add(item7);
            item7.setAccelerator(KeyStroke.getKeyStroke('X', KeyEvent.
CTRL_MASK,false));
            //为菜单项 item7 添加快捷键 Ctrl-X
            menu2.add(item4);
            menu2.add(item5);
            setJMenuBar(menubar1);          // 设定窗口菜单条为 menubar1
            add(pc,BorderLayout.CENTER);// 将容器 pc 加到窗口 f 的中央
            add(stat,BorderLayout.SOUTH);   // 将标签 stat 加到窗口的底部
            pc.setLayout(c);
            pc.add(l1, "west");
            pc.add(l2, "center");
            pc.add(l3, "east");
            //将菜单项 item1 注册到监听器 JMenuHandler 上，参数 1 代表 item1
            item1.addActionListener(new JMenuHandler(1));
            item2.addActionListener(new JMenuHandler(2));
            item3.addActionListener(new JMenuHandler(3));
            item4.addActionListener(new JMenuHandler(4));
            item5.addActionListener(new JMenuHandler(5));
```

```
            item7.addActionListener(new JMenuHandler(7));
// JCheckBoxMenuItem 不响应 ActionEvent 事件，这里用 ItemEvent 事件
            item6.addItemListener(new JMenuDisp());
            addWindowListener(new WinHandler());
            l1.setFont(ft);          //设置菜单字体
            l2.setFont(ft);
            l3.setFont(ft);
            stat.setFont(ft);
            menu1.setFont(ft);
            menu2.setFont(ft);
            item1.setFont(ft);
            item2.setFont(ft);
            item3.setFont(ft);
            item4.setFont(ft);
            item5.setFont(ft);
            item6.setFont(ft);
            item7.setFont(ft);
            //f.setVisible(true);
    }
    class JMenuDisp implements ItemListener {
            public void itemStateChanged(ItemEvent e) {
//若菜单项被选择，即前面有一个标记，则将标签 stat 置为可见，否则置为不可见
            if (item6.getState())
                stat.setVisible(true);
            else
                stat.setVisible(false);
    }
}
class JMenuHandler implements ActionListener {
    private int ch;
    JMenuHandler(int select) {
        ch = select;
    }
    public void actionPerformed(ActionEvent e) {
        switch (ch) {
        case 1:
            //若选择了 item1，则显示名为 west 的卡片
            c.show(pc, "west");
            break;
        case 2:
            c.show(pc, "center");
            break;
        case 3:
            c.show(pc, "east");
            break;
        case 4:
        case 5:
            break;
```

```
        case 7:
            System.exit(-1);
        }
        stat.setText("你选择的菜单项是: " + e.getActionCommand());
    }
}
class WinHandler extends WindowAdapter {
        public void windowClosing(WindowEvent e) {
            System.exit(-1);
        }
    }
}
```

图 9-20 是程序清单 9-17 的运行效果图。

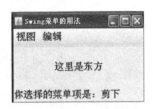

图 9-20　演示菜单的运行效果图

9.7　综合实例——简单计算器

通过本章知识的学习完成引例中的问题:

【程序清单 9-18】　设计实现一个简单的计算器,要求能够完成加、减、乘、除运算。

1. 分析与实现

　　程序需要创建一个窗口和 3 块面板,在面板 jp1 上添加一个 JTextField 单行文本,用于显示要计算的值和计算后的结果;在面板 jp2 上添加 16 个按钮,10 个按钮是数字键,其余是运算符号和小数点。通过单击面板上的数字按钮和运算符号按钮进行数字运算,这就要求在这些计算器按钮上注册相应的事件监听器。在数字按钮上注册监听器用于获取相应的数值,在运算符号按钮上注册监听器用于获取运算符号,从而计算结果。

```
package 第九章;
import java.awt.*;
import java.awt.event.ActionEvent;
import java.awt.event.ActionListener;
import javax.swing.*;

public class CalculatorA extends JFrame{
  private JButton[] jbs;
  private JTextField jtf;      //显示计算结果
  private JButton clear;
  private double num1,num2,jieguo;
  private char c;
```

```java
/*构造方法实例化属性*/
public CalculatorA(){
  jtf=new JTextField(20);
  clear=new JButton("clear");
  jbs=new JButton[16];
  String str="123+456-789*0./=";
  for(int i=0; i<str.length(); i++){
    jbs[i]=new JButton(str.charAt(i)+"");
  }
  init();
  addEventHandler();
}

/*布局图形界面*/
public void init(){
  JPanel jp1=new JPanel();
  jp1.add(jtf);                                //在面板 jp1 上添加单行文本

  JPanel jp2=new JPanel();                     //创建面板 jp2
  jp2.setLayout(new GridLayout(4,4)); //设置面板 jp2 布局管理器为网格布局
  for(int i=0; i<16; i++){
   jp2.add(jbs[i]);     //在面板 jp2 上添加数字按钮 0～9 和加减乘除其他运算符号按钮
                        及其他按钮
  }
  JPanel jp3=new JPanel();
  jp3.add(clear);        //在面板 jp3 上添加 clear(清除)按钮
  add(jp1,BorderLayout.NORTH);      //把面板 jp1 添加到窗口的北方
  add(jp2,BorderLayout.CENTER);     //把面板 jp2 添加到窗口的中间
  add(jp3,BorderLayout.SOUTH);      //把面板 jp3 添加到窗口的南方
}

public void addEventHandler(){
  ActionListener lis=new ActionListener(){
    public void actionPerformed(ActionEvent e){
      JButton jb=(JButton)e.getSource();
      String str =jb.getText().trim();          //把字符串的首尾空格去掉
      if("0123456789.".indexOf(str)!=-1){        //如果是数字或点号
        jtf.setText(jtf.getText()+str);
      return;
      }

      /*从单行文本中取得 num1 的值*/
      if("+-*/".indexOf(str)!=-1){
        num1=Double.parseDouble(jtf.getText());
        jtf.setText("");
        c=str.charAt(0);
        jtf.setText("");
```

```
        return ;
    }

    if(str.equals("=")){
      num2=Double.parseDouble(jtf.getText());//从单行文本中取得 num2 的值
      switch(c){   //判断运算符号
        case '+': jieguo=num1+num2; break;
        case '-': jieguo=num1-num2; break;
        case '*': jieguo=num1*num2; break;
        case '/': jieguo=num1/num2; break;
      }
      jtf.setText(Double.toString(jieguo));        //把计算结果写到单行文本中
      return;
    }

    if(e.getActionCommand().equals("clear")){
      jtf.setText("");
      return;
    }
  }
};

for(int i=0; i<jbs.length; i++){
   jbs[i].addActionListener(lis);
}
   clear.addActionListener(lis);
}
}
```

2. 测试

```
public class CalculatorATest{
public static void main(String[] args){
    CalculatorA frame = new CalculatorA();
    frame.setTitle("计算器 1.0");
    frame.pack();
    frame.setVisible(true); //窗口可见
    frame.setDefaultCloseOperation(JFrame.EXIT_ON_CLOSE);  //关闭计算窗口
  }
}
```

程序运行效果图如图 9-21 所示。

图 9-21　计算器的运行效果图

小 结

每个容器都有一个布局管理器，它按照所需的位置在容器中定位和放置组件。几个简单且常用的布局管理器是 FlowLayout、GridLayout、BorderLayout、CardLayout 和 BoxLayout。

可以将 JPanel 作为子容器来将组件分组，以得到所需的布局。

使用 add 方法将组件放到 JFrame 和 JPanel 中。默认情况下，框架的布局管理器是 BorderLayout，而 JPanel 的布局是 FlowLayout。

事件类的根类是 java.util.EventObject。EventObject 的子类处理各种特殊类型的事件，例如，动作事件、窗口事件、组件事件、鼠标事件和按键事件。可以使用 EventObject 类中 getSource()方法判断事件源对象。如果一个组件能够触发某个事件，那么它的所有子类都能触发同类型的事件。

监听器对象的类必须实现相应的事件监听器接口。Java 语言每种事件类提供监听器接口。XEvent 的监听器接口通常命名为 XListener，但是 MouseMotionListener 除外。例如，ActionEvent 对应的监听器接口是 ActionListener；每个 ActionEvnet 的监听器都应该实现 ActionListener 接口。监听器接口包含称为处理器的处理事件的方法。

事件源对象必须注册监听器。注册方法依赖于事件类型。例如，ActionEvent 事件的注册方法是 addActionListener。一般情况下，XEvent 事件的注册方法为 addXListener。

适配器是能够提供监听器中所有方法默认实现的支持类。Java 为每个 AWT 监听器接口提供带多个处理器的监听器适配器。XListener 的监听器适配器命名为 XAdapter。

使用 JButton、JCheckBox、JRadioButton、JLabel、JTextField、JTextArea、JComboBox、JSlider 和 JMenu 创建图形用户界面，并处理这些组件上的事件。

习 题

9-1 使用 FlowLayout 编写程序：创建一个框架，并且将它的布局设置为 FlowLayout。创建两个面板，然后将两个面板添加到框架中。每个面板包含 3 个按钮。面板使用 FlowLayout 布局管理器创建。

9-2 创建一个简单的计算器，要求能够完成加、减、乘、除四则运算，如图 9-22 所示。

9-3 编写程序模拟交通信号灯。用户可以从红、黄、绿三色灯中选择一种。当选择一个单选按钮后相应的灯被打开，并且一次只能亮一种灯。程序开始时所有的灯都不亮。运行效果如图 9-23 所示。

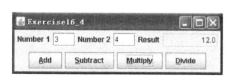

图 9-22 程序完成加、减、乘、除运算

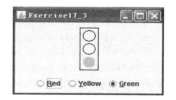

图 9-23 模拟交通信号灯

第10章 多 线 程

【知识要点】

➢ 理解多线程概念。

➢ 通过实现 Runnable 接口开发任务类。

➢ 使用 Thread 类创建线程来运行任务。

➢ 使用 Thread 类中的方法控制线程。

➢ 执行线程池中的任务。

➢ 使用同步方法或阻塞同步线程，避免竞争状态。

➢ 使用锁同步线程。

➢ 使用锁的条件便于线程通信。

10.1 引例——信用卡主副卡业务

现在的银行信用卡都有这样的业务：申办一张主卡，也可以在符合规定的情况下同时办理该账户的副卡。

【引例】 一个银行账户对应主副两个用户使用的情况。

【案例描述】 创建并启动两个任务，一个用来向账户存款，另一个从同一个账户中取款。当取款数额大于账户的当前余额时，取款线程必须等待。不管什么时候，只要向账户新存入一笔资金，存款线程必须通知取款线程重新尝试。如果余额仍未达到取款数额，取款线程必须继续等待新的存款。假设账户初始余额为 0，存入额和取款额是随机产生的。用 Java 多线程的思想来描述。

【案例分析】 对于这样的问题，我们首先对题目进行分析，两人共用一个银行账户，为 Account 类；两人同时操作同一个账户会引起数据不一致。在多线程任务中，凡是多个线程共享同一个资源，就会引起冲突，进而导致数据的不一致。那么该如何解决这个问题呢？这就涉及多线程的同步操作以及线程间的通信问题。学习本章内容之后，多用户访问同一账户问题就可以得到解决了。

上述的思想其实就是多线程编程的思想了，Java 的重要功能之一就是内部支持多线程，即在一个程序中允许同时运行多个任务。在许多程序设计语言中，多线程都是通过调用依赖于系统的过程或函数来实现的。本章介绍线程的概念以及如何在 Java 中开发多线程程序来解决我们提出的这个问题。

10.2　线程的概念

一个程序可能包含多个并发运行的任务。线程 thread 是指一个任务从头至尾的执行流。线程提供了运行一个任务的机制。对于 Java 而言，可以在一个程序中并发地启动多个线程。这些线程可以在多处理器系统上同时运行，如图 10-1 所示。

如图 10-2 所示，在单处理器系统中，多个线程共享 CPU 时间称为时间共享，操作系统负责调度及分配资源给它们。因为 CPU 大部分时间都是空闲的，所以这种安排是切实可行的。例如在等待用户输入数据时，CPU 什么也不做。

图 10-1　多个线程运行在多个 CPU 上

图 10-2　多个线程共享单个 CPU

多线程可以使程序反应更快、交互性更强、执行效率更高。例如一个完善的文字处理程序允许一边进行文字输入，一边进行文件的打印和文件的保存。在一般情况下，即使在单处理器系统上，多线程程序的运行速度也比单线程程序更快。Java 对多线程程序的创建和运行，以及锁定资源避免冲突都提供了很好的支持。

当程序作为一个应用程序运行时，Java 解释器为 main 方法启动一个线程。当程序作为一个 Applet 运行时，Web 浏览器启动一个线程运行 Applet。还可以在程序中创建附加的线程来执行并发的任务。在 Java 中，每个任务都是 Runnable 接口的一个实例，也称为可运行对象。线程从本质上讲就是便于任务执行的对象。

10.3　创建任务和线程

任务就是对象。要创建一个任务，首先要定义一个任务类。任务类必须实现 Runnable 接口。Runnable 接口只包含了一个 run()方法。需要实现 run 方法来告诉系统线程将如何运行。以下代码开发一个任务类。

```
public class TaskCLass implements Runnable{
    ...
    public TaskCLass(...){
        ...
    }
    //实现 Runnable 接口的 run 方法
    public void run(){
        //告诉系统线程将如何运行
        ...
    }
    ...
}
```

定义好一个任务类，就可以创建一个任务了。例如：

```
TaskCLass task = new TaskCLass(...);
```

任务必须在线程中运行。**Thread** 类包括创建线程的构造方法以及控制线程的方法。使用下面的语句创建带任务的线程：

```
Thread Thread = new Thread(task);
```

然后调用 start() 方法告诉 Java 虚拟机该线程准备运行，如下所示：

```
Thread.start();
```

Java 虚拟机通过调用任务的 run() 方法执行任务。

以下代码概括了创建一个任务、一个线程以及启动线程的主要步骤。

```java
public class Client{
    ...
    public void someMethod(){
        ...
    //创建一个任务实例
    TaskClass task = new TaskClass(…);
    //创建一个线程
    Thread thread = new Thread(task);
    //启动线程
    thread.start();
    ...
    }
    ...
}
```

程序清单 10-1 向大家演示如何创建 3 个任务，以及 3 个运行这些任务的线程。

● 第一个任务打印字母 a 100 次。

● 第二个任务打印字母 b 100 次。

● 第三个任务打印 1～100 的整数。

运行这个程序，3 个线程共享 CPU，在控制台上将轮流打印字母和数字。

【程序清单 10-1】　　TaskThreadDemo.java

```java
public class TaskThreadDemo {
  public static void main(String[] args) {
    //创建 3 个任务
    Runnable printA = new PrintChar('a', 100);
    Runnable printB = new PrintChar('b', 100);
    Runnable print100 = new PrintNum(100);
    //创建 3 个线程
    Thread thread1 = new Thread(printA);
    Thread thread2 = new Thread(printB);
    Thread thread3 = new Thread(print100);
    //启动线程
    thread1.start();
    thread2.start();
    thread3.start();
```

```
    }
}
    //打印指定次数的字母
class PrintChar implements Runnable {
  private char charToPrint;      //打印字母
  private int times;             //重复打印的次数
  //构造一个任务，打印指定次数的字符
  public PrintChar(char c, int t) {
    charToPrint = c;
    times = t;
  }
  //重写 run 方法，指定要完成的任务
  public void run() {
    for (int i = 0; i < times; i++) {
      System.out.print(charToPrint);
    }
  }
}
//打印从 1～n 的整数
class PrintNum implements Runnable {
  private int lastNum;
  //构造一个任务，打印指定次数的字符
  public PrintNum(int n) {
    lastNum = n;
  }
  //告诉线程要完成的任务
  public void run() {
    for (int i = 1; i <= lastNum; i++) {
      System.out.print(" " + i);
    }
  }
}
```

该程序创建了 3 个任务。为了同时运行它们，创建 3 个线程。调用 start()方法启动一个线程，它会导致任务中 run()方法被执行。当 run()方法执行完毕，线程就终止，如图 10-3 所示。任务中的 run()方法指明如何完成这个任务。Java 虚拟机会自动调用该方法，无需特意调用它。

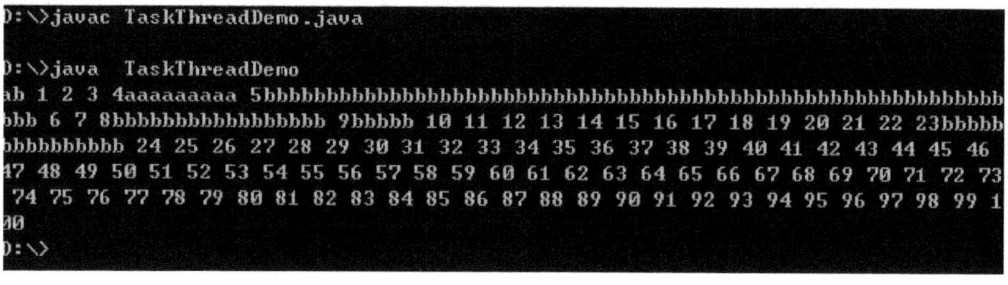

图 10-3 3 个任务同时执行效果

10.4　Thread 类

Thread 类位于 java.lang 包中，Thread 类实现了 java.lang.Runnable 接口。Thread 类包含为任务创建线程的构造方法，以及控制线程的方法，如表 10-1 所示。

表 10-1　Thread 类常用方法

方　　法	功　　能
public Thread ()	创建一个空线程
public Thread (Runnable task)	为指定任务创建一个线程
public void start ()	启动线程使方法 run () 被 JVM 调用
public boolean isAlive ()	测试线程当前是否正在运行
public void setPriority (int p)	设置线程的优先级，范围为 1～10
public void join ()	等待线程结束
public static void sleep (long millis)	使线程睡眠指定的时间
public static void yield ()	使线程暂停并允许执行其他线程
public static void interrupt ()	中断线程

因为 Thread 类实现了 Runnable，所以可以定义一个 Thread 的扩展类，并且实现 run 方法。然后在客户端创建这个类的对象，并且调用 start 方法启动线程。

```java
public class CustomThread extends Thread{
    public CustomThread(){
    }
    //重写 Runnable 接口的 run 方法
    public void run(){

    }
}
class Client{
    public void someMethod(){
        //创建线程
        CustomThread thread1 = new CustomThread();
        //启动线程
        thread1.start();
        CustomThread thread2 = new CustomThread();
        thread2.start();
    }
}
```

但是不推荐使用这种方法，因为它将任务和运行任务的机制混在一起，将任务从线程中分离出来是比较好的设计。

可以使用 yield () 方法为其他线程临时让出 CPU 时间。例如：将程序清单 10-1 中的 run () 做如下修改：

```java
//打印 1～n 的整数
class PrintNum implements Runnable {
    private int lastNum;
    //构造一个任务，打印指定次数的字符
    public PrintNum(int n) {
```

```
      lastNum = n;
   }
   //告诉线程要完成的任务
   public void run() {
      for (int i = 1; i <= lastNum; i++) {
         System.out.print(" " + i);
         Thread.yield();
      }
   }
}
```

每次打印一个数字后，就会暂停 print100 任务的线程，所以每一个数字后面都会紧跟一些字符。

sleep(long mills)方法可以将线程设置为休眠以确保其他线程的执行，休眠时间为指定的毫秒数。例如：

```
//打印 1～n 的整数
class PrintNum implements Runnable {
   private int lastNum;
   //构造一个任务，打印指定次数的字符
   public PrintNum(int n) {
      lastNum = n;
   }
   //告诉线程要完成的任务
   public void run() {
      try{
         for (int i = 1; i <= lastNum; i++) {
            System.out.print(" " + i);
               if(i >= 50) Thread.sleep(1);
         }   //结束 for
      }      //结束 try
      catch(InterruptedException ex){ }
   }         //结束 run 方法
}
```

当 i >= 50 时，每打印一个数字，print100 任务的线程休眠 1 毫秒。

sleep()方法可能抛出一个 InterruptedException，这是一个必检异常。当一个休眠线程的 interrupt()方法被调用时，就会发生这样的一个异常。这个 interrupt()极少在线程上被调用，所以不太可能发生 InterruptedException 异常。但是 Java 要求强制捕获必检异常，所以必须将它放在 try-catch 块中。如果在一个循环中调用了 sleep()方法，就应该将这个循环放在 try-catch 块中。

可以使用 join()方法使一个线程等待另一个线程的结束。例如：

```
class PrintNum implements Runnable {
   private int lastNum;
   //构造一个任务，打印指定次数的字符
   public PrintNum(int n) {
      lastNum = n;
```

```
}
//告诉线程要完成的任务
public void run() {
    Thread thread4 = new Thread(new PrintChar('c', 40));
    thread4.start();
    try{
        for (int i = 1; i <= lastNum; i++) {
            System.out.print(" " + i);
        if(i >= 50)
            thread4.join();
        }//结束 for
    }//结束 try
    catch(InterruptedException ex){ }
}//结束 run 方法
}
```

创建一个新线程 thread4，它打印字符 40 次。在线程 thread4 结束后打印 50～100 的数字。

Java 给每个线程指定一个优先级。默认情况下，线程继承生成它的线程的优先级。可以使用 setPriority()方法提高或降低线程的优先级，还能用 getPriority()方法获取线程的优先级。线程优先级为 1～10。Thread 类有 int 型常量 MIN_PRIORITY、NORM_PRIORITY 和 MAX_PRIORITY，分别代表 1、5 和 10。主线程的优先级是 Thread.NORM_PRIORITY。

10.5　线　程　池

在 10.3 节中我们介绍了如何通过实现 java.lang.Runnable 来定义任务类，以及如何创建一个线程：

```
Runnable task = new TaskClass(…);
New Thread(task).start();
```

这个方法对单一任务的执行是很方便的，但是由于要为每个任务创建一个线程，所以对大量任务而言就不够高效了。为每个任务启动一个新线程会降低性能。线程池是管理并发执行任务的理想方法。Java 提供 Executor 接口来执行线程池中的任务，提供 ExecutorService 接口来管理和控制任务。ExecutorService 是 Executor 的子接口，如图 10-4 所示。

图 10-4　Executor 类执行线程

为了创建一个 Executor 对象，可以使用 Executors 类中的静态方法，如图 10-5 所示。newFixedThreadPool(int) 方法在池中创建固定数目的线程。如果线程完成了任务的执行，它可以被重新使用以执行另外一个任务。如果线程池中的所有线程都不是处于空闲状态，而且有任务在等待执行，那么在关机前，如果由于一个错误终止了一个线程，就会创建一个新线程来替代它。如果线程池中的所有任务都不是处于空闲状态，而且有任务在等待执行，那么 newCachedThreadPool() 方法就会创建一个新线程。如果缓冲池中的线程在 60 秒内都没有被使用就该终止它。对多个小任务而言，一个缓冲池已经足够了。

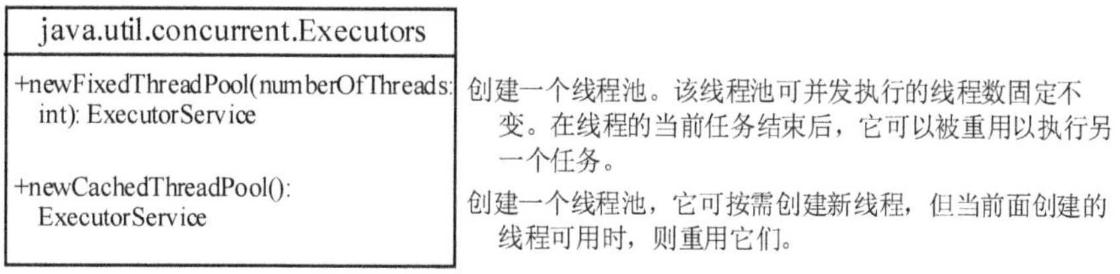

java.util.concurrent.Executors	
+newFixedThreadPool(numberOfThreads: int): ExecutorService	创建一个线程池。该线程池可并发执行的线程数固定不变。在线程的当前任务结束后，它可以被重用以执行另一个任务。
+newCachedThreadPool(): ExecutorService	创建一个线程池，它可按需创建新线程，但当前面创建的线程可用时，则重用它们。

图 10-5 Executors 类提供创建 Executor 对象的静态方法

程序清单 10-2 显示如何使用线程池改写程序清单 10-1。

【程序清单 10-2】 ExecutorDemo.java

```java
import java.util.concurrent.*;
public class ExecutorDemo {
  public static void main(String[] args) {
    //创建固定数目的线程池
    ExecutorService executor = Executors.newFixedThreadPool(3);
    //给 executor 提交 3 个任务
    executor.execute(new PrintChar('a', 100));
    executor.execute(new PrintChar('b', 100));
    executor.execute(new PrintNum(100));
    //关闭 executor，现有任务继续执行，但不能接受新的任务
    executor.shutdown();
  }
}
```

程序创建了最大线程数为 3 的线程池执行器。创建了 3 个任务并把它们添加到同一个线程池中。执行器并发执行 3 个任务。如果把 Executors. newFixedThreadPool(3) 替换成 Executors.newFixedThreadPool(1) 会发生什么呢？这 3 个可运行的任务将顺次执行，因为在线程池中只有一个线程。如果把 Executors.newFixedThreadPool(3) 替换成 Executors.new CachdThreadPool() 又会发生什么呢？为每个等待的任务创建一个新线程，所以所有的任务都并发执行。

10.6 线 程 同 步

程序创建时如果一个共享资源被多个线程同时访问，可能会遭到破坏。

假设创建并启动 100 个线程，每个用户都往同一个账户存储 1 元钱。定义一个类 Account 来模拟账户，一个名为 AddAYuanTask 的类用来向账户存 1 元钱，以及一个用于创建和启动线程的主类。这些类之间的关系如图 10-6 所示。

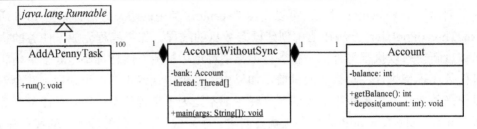

图 10-6　AccountWithoutSync 及与其他类的关系

程序清单 10-3 给出了这个程序。

【程序清单 10-3】　　AccountWithoutSync.java

```java
import java.util.concurrent.*;
public class AccountWithoutSync {
  private static Account account = new Account();
  public static void main(String[] args) {
      //创建线程池执行器来管理线程
      ExecutorService executor = Executors.newCachedThreadPool();
      //创建 100 个线程，并添加到线程池执行器中
      for (int i = 0; i < 100; i++) {
          executor.execute(new AddAYuanTask());
      }
      executor.shutdown(); //关闭执行器
      //执行器等待所有的任务完成
      while (!executor.isTerminated()) {
      }
      //输出所有线程结束后的账户余额
      System.out.println("What is balance? " + account.getBalance());
  }
  //往账户上存 1 元钱的任务类，内部类
  private static class AddAYuanTask implements Runnable {
      public void run() {
        account.deposit(1);
      }
  }
  //内部类账户
  private static class Account {
      private int balance = 0;   //账户初始余额为 0 元
      public int getBalance() {
        return balance;
      }
      public void deposit(int amount) {
        int newBalance = balance + amount;
        //故意放大数据破坏程度，使它更容易显现出来
        try {
          Thread.sleep(5);
        }
        catch (InterruptedException ex) {
```

```
            }
         balance = newBalance;
      }
   }
}
```

　　该账户的初始余额为 0 元，当所有的线程执行完毕后余额应该为 100 元，但是输出结果并不是可预测的。运行结果是错误的，如图 10-7 所示。该程序演示了当所有线程同时访问同一个数据源时，就会出现数据不一致的问题。

图 10-7　程序 AccountWithoutSync 引发的数据不一致

　　那么，究竟是什么导致了程序的错误呢？下面给出一个可能的情景，如表 10-2 所示。

表 10-2　任务 1 和任务 2 同时向同一账户里加 1

步骤	余额	任务 1	任务 2
1	0	newBalance = balance + 1	
2	0		newBalance = balance + 1
3	1	balance = newBalance	
4	1		balance = newBalance

　　步骤 1 中，任务 1 从账户中获取余额数目。在步骤 2，任务 2 从账户中获取同样数目的余额。在步骤 3，任务 1 向账户写入一个新余额。在步骤 4，任务 2 也向账户写入一个新余额。

　　这个情景的效果就是任务 1 什么也没做，因为在步骤 4 中，任务 2 覆盖了任务 1 的结果。很明显，问题是任务 1 和任务 2 以一种会引起冲突的方式访问一个公共资源。这是多线程程序的一个普遍问题，称为竞争状态。如果一个类的对象在多线程程序中没有导致竞争状态，则称这样的类为线程安全的。而上例所示的 Account 类不是线程安全的。

10.6.1　synchronized 关键字

　　为避免竞争状态，应该防止多个线程同时进入程序的某一特定部分，程序的这一部分称为临界区。程序清单 10-3 中的临界区是整个 deposit 方法。可以使用关键字 synchronized 来同步方法，以便限制一次只有一个线程可以访问这个方法。有几种方法可以解决程序清单 10-3 中的问题，其中一种就是在 deposit 方法前面加上关键字 synchronized，使 Account 类成为线程安全的，如下所示：

```
public synchronized void deposit(int amount)
```

　　一个同步方法在执行之前需要加锁。对于实例方法，要给调用该方法的对象加锁。对于静态方法，要给这个类加锁。如果一个线程调用一个对象上的同步实例方法(或静态方法)，首先给该对象(或类)加锁，然后再执行该方法，最后解锁。在解锁之前，另一个调用那个对象(或类)中的方法的线程将被阻塞，直到解锁。

随着 deposit 方法被同步化，前面的情景就不会再出现。如果任务 1 开始进入 deposit 方法，任务 2 就会被阻塞，直到任务 1 完成该方法的运行，如表 10-3 所示。

表 10-3　任务 1 和任务 2 同步

步骤	任务 1	任务 2
1	对 Account 对象加锁	
2	执行 deposit 方法	
3	释放锁	等待加锁
4		对 Account 对象加锁
5		执行 deposit 方法
6		释放锁

10.6.2　同步语句

调用一个对象的同步实例方法要求给该对象加锁。调用一个类的同步静态方法要求对该类加锁。当执行方法中某一个代码块时，同步语句不仅可用于对 this 对象加锁，而且可用于对任何对象加锁。这个代码块称为同步块。同步语句的一般形式如下所示：

```
synchronized(expr){
    statements
}
```

表达式 expr 必须求出对象的引用。如果对象已经被另一个线程锁定，则在解锁之前，该线程将被阻塞。当获准对一个对象加锁时，该线程执行同步块中的语句，然后解除对对象所加的锁。

同步语句允许设置同步方法中的部分代码，而不必是整个方法，这大大增强了程序的并发能力。将程序清单 10-3 中的 run 方法替换如下：

```
public void run() {
        synchronized(account){
            account.deposit(1);
        }
}
```

这样程序清单 10-3 就变成了线程安全的。

10.7　利用加锁同步

同步语句允许在程序清单 10-3 中，100 个线程向同一个账户并发存储 1 元钱，这会造成冲突。只要在 deposit 方法中使用 synchronized 关键字就可以避免这种情况，如下所示：

```
public synchronized void deposit(int amount)
```

同步的实例方法在执行方法之前都隐式地需要一个锁。

Java 可以显式地加锁，这给协调线程带来了更多的控制功能。一个锁是一个 Lock 接口的实例，它定义了加锁和释放锁的方法，如图 10-8 所示。锁也可以使用 newCondition() 方法来创建任意个数的 Condition 对象，用来进行线程通信。

图 10-8　ReentrantLock 类实现接口来表示一个锁

　　ReentrantLock 是为创建相互排斥的锁的 Lock 的具体实现。可以创建具有特定的公平策略的锁。真正的公平策略确保等待时间最长的线程首先获得锁。假的公平策略将锁交给任意一个在等待的线程。被多个线程访问的使用公正锁的程序，其整体性能可能比那些使用默认设置的程序差，但是在获取锁且避免资源缺乏时变化很小。

　　程序清单 10-4 使用显式锁修改程序清单 10-3，来同步账号的修改。

【程序清单 10-4】　　AccountWithSyncUsingLock.java

```java
import java.util.concurrent.*;
import java.util.concurrent.locks.*;
public class AccountWithSyncUsingLock {
  private static Account account = new Account();
  public static void main(String[] args) {
    ExecutorService executor = Executors.newCachedThreadPool();
    //创建 100 个线程，并添加到线程池执行器中
    for (int i = 0; i < 100; i++) {
      executor.execute(new AddAYuanTask());
    }
    executor.shutdown();
    //执行器等待所有的任务完成
    while (!executor.isTerminated()) {
    }
    System.out.println("What is balance ? " + account.getBalance());
  }
//往账户上存 1 元钱的任务类，内部类
public static class AddAYuanTask implements Runnable {
    public void run() {
      account.deposit(1);
    }
  }
}

//内部类账户 account
public static class Account {
    private static Lock lock = new ReentrantLock();  //创建锁
    private int balance = 0;
    public int getBalance() {
      return balance;
```

```
    }
    public void deposit(int amount) {
        lock.lock();      // 获得锁
        try {
            int newBalance = balance + amount;
            //故意放大数据破坏程度，使它更容易显现出来
            Thread.sleep(5);
            balance = newBalance;
        }
        catch (InterruptedException ex) {
        }
        finally {
            lock.unlock();    //释放锁        }
        }
    }
}
```

程序清单 10-3 使用同步方法的例子比程序清单 10-4 使用的锁的例子简单。通常，使用 synchronized 方法或语句比使用相互排斥的显示锁简单些。然而使用显式锁对具有同步状态的线程更加直观和灵活，如下节所述。

10.8　线程间协作解决引例中的线程间通信问题

通过保证在临界区上多个线程的相互排斥，线程同步完全可以避免竞争状态的发生，但是有时候，还需要线程之间的相互协作。使用条件便于线程间通信。一个线程可以指定在某种条件下该做什么。条件是通过调用 Lock 对象的 newCondition()方法而创建的对象。一旦创建了条件，就可以使用 await()、signal()和 signalAll()来实现线程之间的相互通信，如图 10-9 所示。await()方法可以让当前线程都处于等待状态，直到条件发生。signal()方法唤醒一个等待的线程，而 signalAll()唤醒所有等待的线程。

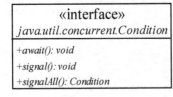

图 10-9　Condition 接口定义完成同步的方法

有了前几节的知识准备，现在我们终于可以解决 10.1 节中的引例问题了。现在回顾一下引例：假设创建并启动两个任务，一个用来向账户存款，另一个从同一个账户取款。当取款数额大于账户的当前余额时，取款线程必须等待。不管什么时候，只要向账户新存入一笔资金，存款线程必须通知取款线程重新尝试。如果余额仍未达到取款数额，取款线程必须继续等待新的存款。通过这个例子我们来演示线程之间的通信。

为了同步这些操作，要使用一个具有条件的锁 newDeposit（即增加到账户的新存款）。如果余额小于取款数额，取款任务将等待 newDeposit 条件。当存款任务给账户存钱时，存款任务唤醒等待中的提款任务再次尝试。两个任务之间的交互如图 10-10 所示。

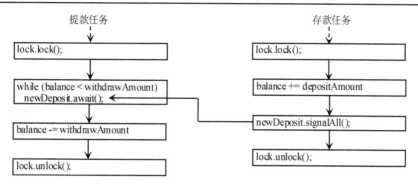

图 10-10　条件 newDeposit 用于两个线程间通信

从 Lock 对象中创建条件。为了使用条件，必须首先获取锁 Lock.await()方法让线程等待并且自动释放条件上的锁。一旦条件正确，线程重新获取锁并且继续执行。

假设账户初始余额为 0，存入额和取款额是随机产生的。程序清单 10-5 给出程序。程序运行结果如图 10-11 所示。

【程序清单 10-5】　ThreadCooperation.java

```java
import java.util.concurrent.*;
import java.util.concurrent.locks.*;
public class ThreadCooperation {
  private static Account account = new Account();
  public static void main(String[] args) {
    //创建一个线程池，池中包含两个线程。一个存钱任务，一个取钱任务
    ExecutorService executor = Executors.newFixedThreadPool(2);
    executor.execute(new DepositTask());
    executor.execute(new WithdrawTask());
    executor.shutdown();   //关闭线程池
    System.out.println("Thread 1\t\tThread 2\t\tBalance");
  }
  //存款任务
  public static class DepositTask implements Runnable {
    public void run() {
      try { //为让取款任务执行，特意让存款任务进入休眠状态
        while (true) {
          account.deposit((int)(Math.random() * 10) + 1);
          Thread.sleep(1000);
        }
      }
      catch (InterruptedException ex) {
        ex.printStackTrace();
      }
    }
  }
  //取款任务
  public static class WithdrawTask implements Runnable {
    public void run() {
      while (true) {
```

```
            account.withdraw((int)(Math.random() * 10) + 1);
        }
    }
}
//账户内部类account
private static class Account {
//创建一个锁
private static Lock lock = new ReentrantLock();
// 为锁lock 创建一个条件对象，一个条件对应一个锁
private static Condition newDeposit = lock.newCondition();
private int balance = 0;
public int getBalance() {
  return balance;
}
public void withdraw(int amount) {
  lock.lock(); //获得锁，只有先获取锁，才能由锁创建条件对象
  try {
     while (balance < amount) {
       System.out.println("\t\t\tWait for a deposit");
       //如果取款数额大于账户余额，则取款任务等待存款任务中余额变化的通知
       newDeposit.await();
     }
     balance -= amount;
     System.out.println("\t\t\tWithdraw " + amount +
       "\t\t" + getBalance());
  }
  catch (InterruptedException ex) {
     ex.printStackTrace();
  }
  finally {
     lock.unlock();   // 释放锁
  }
}
public void deposit(int amount) {
  lock.lock();        // 获得锁
  try {
     balance += amount;
     System.out.println("Deposit " + amount +
       "\t\t\t\t\t" + getBalance());
     //存款后通知所有newDeposit 条件的等待线程
     newDeposit.signalAll();
  }
  finally {
     lock.unlock(); // Release the lock
  }
}
}
}
```

```
@ Javadoc  Declaration  Console
<terminated> ThreadCooperation (1) [Java Application] C:\Program Files\Java\jre
Deposit 10                                              10
Thread 1                        Thread 2                Balance
                                Withdraw 9              1
                                Wait for a deposit
Deposit 7                                               8
                                Withdraw 3              5
                                Withdraw 1              4
                                Wait for a deposit
Deposit 8                                               12
                                Withdraw 8              4
```

图 10-11　线程间协作运行效果

如果将

```
while (balance < amount) {
    System.out.println("\t\t\tWait for a deposit");
    // 如果取款数额大于账户余额，则取款任务等待存款任务中余额变化的通知
    newDeposit.await();
}
```

替换为

```
if(balance < amount) {
    System.out.println("\t\t\tWait for a deposit");
    // 如果取款数额大于账户余额，则取款任务等待存款任务中余额变化的通知
    newDeposit.await();
}
```

会出现什么结果呢？

只要余额发生变化，存款任务都会通知取款任务。当唤醒提款任务时，条件(balance < amount)的判断结果可能仍然为 true。如果使用 if 语句，取款任务有可能永久等待。如果使用循环语句，则取款任务可以有重新检验条件的机会。因此，应该在循环语句中测试条件。

10.9　线程的状态

任务在线程中执行。线程在执行过程中有 5 种状态：新建、就绪、运行、阻塞和结束，如图 10-12 所示。

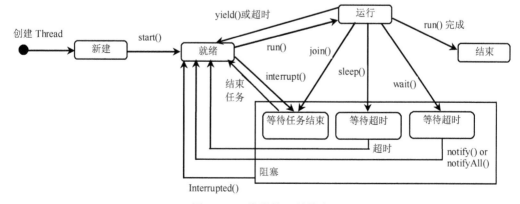

图 10-12　线程的 5 种状态

新创建一个线程时，线程进入新建状态。调用线程的 start() 方法启动线程后，它进入就绪状态。就绪线程是可运行的，但可能还没有开始运行，操作系统必须为它分配 CPU 时间。

就绪线程开始运行时，它就进入运行状态，如果给定的 CPU 时间用完或调用线程的 yield() 方法，处于运行状态的线程就可能进入就绪状态。

有几种原因可能使线程进入阻塞状态：可能是它自己调用了 join()、sleep() 或 wait() 方法，也可能是其他线程调用了这些方法，它可能是在等待 I/O 操作的完成。当阻塞行为不起阻塞作用时，阻塞线程可能被重新激活。例如，如果线程处于休眠状态并且休眠时间已满，线程就会被重新激活并进入就绪状态。

最后，如果一个线程执行完 run 方法，这个线程就结束了。

isAlive() 方法用来判断线程状态，如果线程处于就绪、阻塞或运行状态，isAlive() 方法返回 true；如果线程处于新建并且没有启动或者已经结束，则返回 false。

方法 interrupt() 按下列方式中断一个线程：当线程处于就绪状态或运行状态时，给它设置一个中断标志；当线程处于阻塞状态时，它将被唤醒并进入就绪状态，同时抛出异常 java.lang.InterruptedException。

10.10　综合实例——生产者-消费者

学习完本章知识后我们可以完成如下这个经典的案例：

【例 10-1】　生产者-消费者实例。

1．分析与实现

(1) 生产者和消费者共享资源为仓库。
(2) 生产者仅仅在仓储未满时生产，仓满则停止生产。
(3) 消费者仅仅在仓储有产品时才能消费，仓空则等待。
(4) 当消费者发现仓储没产品可消费时会通知生产者生产。
(5) 生产者在生产出产品时，会通知等待的消费者去消费。

【程序清单 10-6】　　ProducerConsumer.java

```java
package 第十章;
class Consumer implements Runnable {    //消费者
    Storage s = null;                    //仓库
    public Consumer(Storage s){
        this.s = s;
    }
    public void run() {
        for(int i=0; i<20; i++){
            Product p = s.pop();        //消费者从仓库取出产品
            try {
                Thread.sleep((int)(Math.random()*1500));
            } catch (InterruptedException e) {
                e.printStackTrace();
            }
        }
    }
}
```

```java
class Producer implements Runnable {    //生产者
    Storage s = null;                    //仓库

    public Producer(Storage s){
        this.s = s;
    }

    public void run() {
        for(int i=0; i<20; i++){
            Product p = new Product(i);
            s.push(p);                   //生产产品，把产品放入仓库
            try {
                Thread.sleep((int)(Math.random()*1500));
            } catch (InterruptedException e) {
                e.printStackTrace();
            }
        }

    }
}

class Product {
    int id;                              //产品编号

    public Product(int id){
        this.id = id;
    }

    public String toString(){            //重写 toString 方法
        return "产品: "+this.id;
    }
}

class Storage {                          //仓库
    int index = 0;
    Product[] products = new Product[5];

    public synchronized void push(Product p){    //添加库存
        while(index==this.products.length){
            try {
                this.wait();             //仓库库存已满，生产线程等待
            } catch (InterruptedException e) {
                e.printStackTrace();
            }
        }
        this.products[index] = p ;   //正常生产产品
        System.out.println("生产者放入"+index+"位置: " + p);
        index++;
        this.notifyAll();                //唤醒等待的所有线程
    }
```

```
    public synchronized Product pop(){    //从仓库消费产品
        while(this.index==0){
            try {
                this.wait();        //当前库存为零，没有产品可以消费，请等待
            } catch (InterruptedException e) {
                e.printStackTrace();
            }
        }
        index--;                                //仓库有产品，可以消费
        this.notifyAll();                       //唤醒所有等待的线程
        System.out.println("消费者从"+ index+ "位置取出：" + this.
        products[index]);
        return this.products[index];
    }
}
```

2. 测试

```
package 第十章;
public class ProducerConsumer {
    public static void main(String[] args) {
        Storage s = new Storage();
        Producer p = new Producer(s);
        Consumer c = new Consumer(s);
        Thread tp = new Thread(p);
        Thread tc = new Thread(c);
        tp.start();
        tc.start();
    }
}
```

程序运行结果如图 10-13 所示。

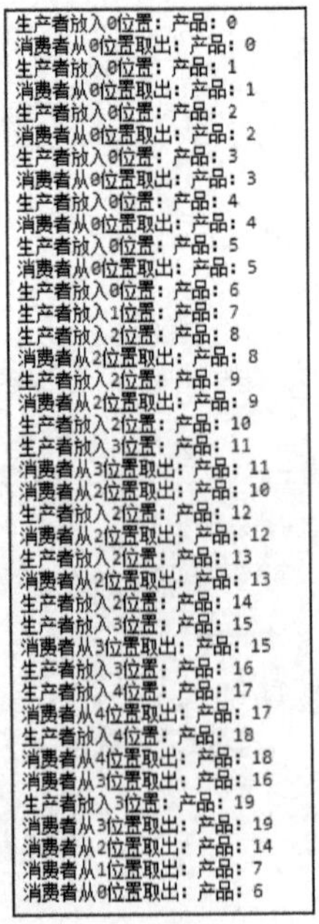

```
生产者放入0位置：产品：0
消费者从0位置取出：产品：0
生产者放入0位置：产品：1
消费者从0位置取出：产品：1
生产者放入0位置：产品：2
消费者从0位置取出：产品：2
生产者放入0位置：产品：3
消费者从0位置取出：产品：3
生产者放入0位置：产品：4
消费者从0位置取出：产品：4
生产者放入0位置：产品：5
消费者从0位置取出：产品：5
生产者放入0位置：产品：6
生产者放入1位置：产品：7
生产者放入2位置：产品：8
消费者从2位置取出：产品：8
生产者放入2位置：产品：9
消费者从2位置取出：产品：9
生产者放入2位置：产品：10
生产者放入3位置：产品：11
消费者从3位置取出：产品：11
消费者从2位置取出：产品：10
生产者放入2位置：产品：12
消费者从2位置取出：产品：12
生产者放入2位置：产品：13
消费者从2位置取出：产品：13
生产者放入2位置：产品：14
生产者放入3位置：产品：15
消费者从3位置取出：产品：15
生产者放入3位置：产品：16
生产者放入4位置：产品：17
消费者从4位置取出：产品：17
生产者放入4位置：产品：18
消费者从4位置取出：产品：18
消费者从3位置取出：产品：16
生产者放入3位置：产品：19
消费者从3位置取出：产品：19
消费者从2位置取出：产品：14
消费者从1位置取出：产品：7
消费者从0位置取出：产品：6
```

图 10-13　例 10-1 运行结果图

当发现不能满足生产或者消费条件的时候，调用对象的 wait 方法。wait 方法的作用是释放当前线程所占据的锁，并调用对象的 notifyAll 方法，唤醒该对象上其他等待线程，使其继续执行(图 10-13)。

小 结

每个任务都是 Runnable 接口的实例。线程就是一个便于任务执行的对象。可以通过实现 Runnable 接口来定义任务类，通过使用 Thread 构造方法来创建线程。

一个线程对象被创建后，可以使用 start()方法启动线程，可以使用 sleep(long)方法将线程转入休眠状态，以便其他线程获得运行机会。

线程对象从来不会直接调用 run()方法。当执行某个线程时，Java 虚拟机调用 run()方法。线程类必须覆盖 run()方法，告诉系统线程运行时将会做什么。

为了避免线程破坏共享资源，可以使用同步的方法或块。同步方法在执行前需要获得一个锁。当同步方法是实例方法时，锁是在调用方法的对象上；当同步方法是静态方法时，锁是在方法所在的类上。

可以使用显式锁和条件来进行线程间通信。

习 题

10-1 请编写一个类，类名为 SubThread，是 Thread 类的子类。该类中定义了含一个字符串参数的构造方法和 run()方法，方法中有一个 for 循环，循环一共进行 5 次，循环体先在命令行显示该线程循环了第几次，然后随机休眠小于 1 秒的时间，循环结束后显示线程结束信息：线程名+finished。编写一个应用程序，并在其中创建 SubThread 类的 3 个线程对象 T1、T2、T3，它们的名称分别为 Frist、Second、Third，并启动这 3 个线程。

10-2 应用 Java 中线程的概念，编写一个 Java 程序(包括一个主程序类，一个 Thread 类的子类)。在主程序中创建两个线程(用子类)，将其中一个线程的优先级设为 10，另一个线程的优先级设为 6。让优先级为 10 的线程打印 200 次"线程 1 正在运行"，优先级为 6 的线程打印 200 次"线程 2 正在运行"(提示：设置线程优先级 setPriority 方法)。

10-3 编写程序，启动 1000 个线程。每个线程给初始值为 0 的变量 sum 加 1。需要通过引用传递，将 sum 传递给每个线程。使用同步和不使用同步两种方式来运行这个程序，看看它们的效果。

第 11 章   Java 程序设计实验

实验一   Java 程序的编写和基本语法练习

1. 实验目的

巩固以下知识点：

(1) 能够使用命令行和 Eclipse 环境两种方法编写 Java 程序。

(2) 了解 Java 的数据类型。

(3) 掌握各种变量的声明方式。

(4) 理解运算符的优先级。

(5) 掌握 Java 基本数据类型、运算符与表达式。

2. 实验内容

(1) 编写一个 Java 程序，介绍自己，并将相关信息在控制台输出。要求分别使用命令行和 Eclipse 开发工具两种方式实现。

(2) 编写声明不同数据类型变量的程序文件 Example1_1.java，并在控制台打印输出。

提示：参看第 1 章例题。

(3) 建立 Example1_2.java 文件，源代码如下。

```
public class Example1_2.java {
static int i=10;
public static void main(String args[]) {
    {
        int k=10;
        System.out.println("i="+i);
        System.out.println("k="+k);
    }
    System.out.println("i="+i);
    System.out.println("k="+k);
    }
}
```

编译 Example1_2.java，该程序能编译成功吗，为什么？如果出错，则修改上面的程序并运行。

(4) 运行以下程序，输出程序的运行结果。

```
public class RelationAndCondition {
  public static void main(String[] args) {
        int a=29;int b=3;
```

```
        boolean  c=a<b;
        System.out.println(a + "<" + b+ "=" + c);
        int d=4;
        c=(d!=0&&a/d>5);
        System.out.println(d + "!=0&&" + a + "/" + d+ ">5=" + c);
        int e=0;
        c=(e!=0&&a/e>5);
        System.out.println(e+"!=0&&"+a+"/"+e+">5="+c);
    }
}
```

若把最后两句换成如下语句，会出现什么结果，分析原因。

```
c=(e!=0)&a/e>5;
System.out.println(e+"!=0&"+"/"+e+">5="+c);
```

3. 实验指导

(1)下载 JDK 并安装后，一定要正确配置 PATH 和 CLASSPATH 两个环境变量。

(2)Java 的基本数据类型的取值范围和表示方法。

(3)Java 的变量分为类属性变量和局部变量，类属性变量在类中声明；局部变量在程序块中声明，其作用限定于所在的程序块，这里的程序块包括方法体和块语句。

(4)类型转换是对表达式求值时必须掌握的内容，只有了解和掌握类型转换的规则和方法，才能更好地读懂和编写程序。

实验二　基本程序设计

1. 实验目的

巩固以下知识点：

(1)使用 Scanner 类从控制台获取输入。

(2)使用 if 语句，使用 if、else if、else 语句。

(3)使用 while 语句、do-while 语句、for 语句编写循环。

2. 实验内容

(1)编写一个程序，读入一笔费用与酬金率，计算酬金和总费用。例如，如果用户输入 10 作为费用，15%作为酬金率，计算结果显示酬金为￥1.5，总费用为￥11.5。下面是一个运行示例：

```
Enter the subtotal(费用) and a gratuity rate(酬金率): 15.69 15
The gratuity(酬金) is 2.35 and total(总费用) is 18.04
```

提示：

```
java.util.Scanner input = new java.util.Scanner(System.in);
input.nextDouble();
```

变量名：subtotal(费用)；rate(酬金率)；gratuity(酬金)；total(总费用)

(2)求 ASCII 码对应的字符。编写程序接收一个 ASCII 码(0~127 的整数)，然后显示它所代表的字符。例如，用户输入的是 97，程序显示的是字符 a。下面是一个运行示例：

```
Enter an ASCII code:69
The character for ASCII code 69 is E
```

提示：

```
(char)code;
```

变量名：code

(3)计算一个三角形周长。编写程序，读取三角形的 3 条边，如果输入值合法就计算这个三角形的周长；否则，显示这些输入值不合法。如果任意两条边的和大于第三边，那么输入值是合法的。

变量名：edge1，edge2，edge3

(4)解一元二次方程。求一元二次方程 $ax2 + bx + c = 0$ 的两个根，b*b-4ac 称作一元二次方程的判别式。如果它是正值，那么一元二次方程就有两个正根；如果它为 0，方程就只有一个根；如果它是负值，方程无实根。编写程序，提示用户输入 a、b 和 c 的值，并且显示基于判别式的结果。如果判别式为正，显示两个根；如果判别式为 0，显示一个根；如果判别式为负，显示方程无实根。下面是一个运行示例：

```
Enter a,b,c: 1.0 3 1
The root are -0.381966 and -2.61803
Enter a,b,c: 1 2.0 1
The root is -1
Enter a,b,c: 1 2 3
The equation has no real roots
```

提示：使用 Math.Pow(x, 0.5)计算 x 的平方根。

变量名：double a,b,c;

```
    double discriminant = b*b - 4*a*c(判别式)
    double r1,r2;
```

(5)统计正数和负数的个数，然后计算这些数的平均值。编写程序，读入未指定个数的整数，判断读入的正数有多少个，读入的负数有多少个，然后计算这些输入值的总和及其平均值(不对 0 计数)。当输入为 0 时，表示程序结束。将平均值以浮点数显示。下面是一个运行示例：

```
Enter an int value, the program exits if the input is 0:
1 2 -1 3 0
The number of positives is 3
The number of negatives is 1
The total is 5
The average is 1.25
```

3. 实验指导

(1)标识符是由字母、数字、下划线和美元符号构成的字符序列。

(2)标识符不能是保留字。

(3)标识符必须以字母或下划线开头，不能以数字开头。

(4)使用选择语句可以对有可选择路径的情况进行程序设计。选择语句有以下几种类型：if 语句、if…else 语句、嵌套 if 语句、switch 语句和条件表达式。

(5)While 循环和 for 循环都称为前测循环，do-while 循环称为后测循环。

实验三　数　　组

1. 实验目的

巩固以下知识点：

(1)声明一维数组引用变量、创建数组。

(2)初始化数组中的值。

(3)使用下标变量访问数组元素。

(4)编写程序实现常用的一维数组操作。

(5)声明二维数组引用变量、创建数组，使用行下标和列下标访问二维数组中的数组元素。

(6)编写程序实现常用的二维数组操作。

(7)给方法传递二维数组。

2. 实验内容

(1)编写程序，读取 10 个整数，然后按照与读入顺序相反的顺序将它们显示出来。

提示：

```
int[] num = new int[10]
```

(2)指定等级。编写一个程序，读入学生成绩，获取最高分 best，然后根据下面的规则赋等级值：

如果分数 >= best − 10，等级为 A

如果分数 >= best − 20，等级为 B

如果分数 >= best − 30，等级为 C

如果分数 >= best − 40，等级为 D

其他情况下，等级为 F

程序提示用户输入学生总数，然后提示用户输入所有的分数，最后显示等级得出结论。下面是一个运行示例：

```
Enter the number of students: 4
Enter 4 scores: 40 55 70 58
Student 0 score is 40 and grade is C
Student 1 score is 40 and grade is B
Student 2 score is 40 and grade is A
Student 3 score is 40 and grade is B
```

提示：

```
int[] scores = new int[numberOfStudents]; //成绩数组
```

```
int best = 0;                                   //最高分
char grade;                                     //等级
```

(3)计算数字的出现次数。编写程序，读取 1～100 的整数，然后计算每个数出现的次数。假定输入是以 0 结束的。下面就是这个程序的运行示例：

```
Enter the integers between 1 and 100: 2 5 6 5 4 3 23 43 2 0
2 occurs 2 times
3 occurs 1 time
4 occurs 1 time
5 occurs 2 times
6 occurs 1 time
23 occurs 1 time
43 occurs 1 time
```

提示：如果一个数出现次数大于一次，输出时使用复数“times”。

```
(counts[i] = = 1) ? " time" : " times")
```

(4)编写一个方法，使用下面的方法头求出一个整数数组中的最小元素：

```
public static double min(double[] array)
```

编写测试程序，提示用户输入 10 个数字，调用这个方法，返回最小元素值。

(5)编写一个方法，求整数矩阵中所有整数的和，使用下面的方法头：

```
public static double sumMatrix(int[][] m)
```

编写一个测试程序，读取一个 4×4 的矩阵，然后显示所有元素的和。下面是一个运行示例：

```
Enter a 4-by-4 matrix row by row:
1 2 3 4
5 6 7 8
9 10 11 12
13 14 15 16
Sum of the matrix is 136
```

3．实验指导

(1)使用语法 elementType[] arrayRefVar（元素类型[]数组引用变量）或 elementType arrayRefVar[]（元素类型 数组引用变量[]）声明一个数组类型的变量。尽管 elementType arrayRefVar[]也是合法的，但还是推荐使用 elementType[] arrayRefVar 的形式。

(2)声明数组变量不会给数组分配任何空间。数组变量不是基本数组类型变量。数组变量包含的是对数组的引用。

(3)只有创建数组后才能给数组元素赋值。使用 new 操作符创建数组，语法如下：

```
new elementType[arraySize] （数据类型[数组大小]）
```

(4)数组中的每个元素都是使用语法 arrayRefVar[index]（数组引用变量[下标]）表示的。

(5)创建数组后，它的大小就不能改变，使用 arrayRefVar.length 得到数组的大小。数组下标从 0 开始，到 arrayRefVar.length-1 结束。

(6) 二维数组的声明：

元素类型[][] 数组变量

(7) 创建二维数组：

new 元素类型[行的个数][列的个数]

(8) 访问二维数组元素：

数组变量[行下标][列下标]

实验四　字　符　串

1. 实验目的

巩固以下知识点：

(1) 使用 String 类处理定长的字符串。

(2) 使用 Chahacter 类处理单个字符。

(3) 使用 StringBuilder/Stringbuffer 类处理可变长字符串。

(4) 学习如何从命令行传递参数给 main 方法。

2. 实验内容

(1) 编写程序，提示用户输入一个社会保险号码，它的格式是 DDD-DD-DDDD，其中 D 是一个数字。程序会为正确的社保号显示"valid SSN"，否则，显示"invalid SSN"。

提示：使用 String 类的 charAt(index: int) 和 Character.isDigit(ch: char)。

```
java.util.Scanner input = new java.util.Scanner(System.in);
input.nextLine()
```

(2) 编写一个方法，将一个十进制数转换为一个二进制数。方法头如下所示：

```
public static String decimalToBinary(int value)
```

编写一个测试程序，提示用户输入一个十进制整数，然后显示对应的二进制数。

提示：用 StringBuffer 存储字符串，再把 Stringbuffer 对象转换为 String 类。

(3) 求字符串中大写字母的个数。编写程序，传给 main 方法一个字符串，显示该字符串中大写字母的个数。

提示：从命令行读取参数。

```
Java Test args[0] args[1] args[3]
```

3. 实验指导

(1) 字符串是封装在 String 类中的对象。要创建一个字符串，可以使用 11 种构造方法之一，也可以使用字符串直接量进行简捷初始化。

(2) String 对象是不可变的，它的内容不能改变。

（3）可以使用 String 类的 length（）方法获取字符串的长度，使用 charAt（index）从字符串提取特定下标位置的字符，使用 indexOf 和 lastIndexOf 方法找出一个字符串中的某个字符或某个子串。

（4）连接字符串用 concat（）方法或者加号 "+"。

（5）使用 substring 从字符串提取子串；使用 equals 和 compareTo 方法比较字符串。

（6）Character 类是单个字符的封装类。Character 提供了很多实用的静态方法，用于判断一个字符是否是字母（isLetter（char））、数字（isDigit（char））、大写字母（isUpperCase（char））或小写字母（isLowerCase（char））。

（7）StringBuilder/StringBuffer 类可以代替 String 类。String 类是不可以改变的，但是可以向 StringBuilder/StringBuffer 对象中添加、插入或追加新内容。

实验五　类与对象——方法

1. 实验目的

巩固以下知识点：

（1）方法的定义。

（2）调用带返回值和不带返回值的方法。

（3）掌握方法的按值传参。

（4）会开发模块化的、易读、易调试和易维护的可重用代码。

（5）使用方法重载，理解歧义重载。

2. 实验内容

（1）一个五角数被定义为 n(3n-1)/2，其中 n=1,2,...。所以，开始的几个数字就是 1,5,12,22...，编写下面的方法返回一个五角数：

```
public static int getPentagonaNumber(int n)
```

编写一个测试程序显示前 100 个五角数，每行显示 10 个。

提示：通过 for 循环语句打印前 100 个五角数。

（2）编写一个方法，计算一个整数各位数字之和。

```
public static int sumDigits(long n)
```

例如：sumDigits（234），返回 9。

提示：使用求余运算符%提取数字，用/去掉提取出来的数字。例如：使用 234%10（=4）提取 4。然后使用 234/10(=23) 从 234 中去掉 4。使用一个循环来反复提取和去掉每位数字，直到所有的位数都提取完为止。

编写程序，提示用户输入一个整数，然后显示这个整数所有位数字的和。

（3）回文整数。编写下面两个方法：

```
public static int reverse(int number)
```

该方法返回一个整数的逆序数，例如 reverse（456）返回 654。

提示：number 是输入值，取余得到个位数；result 存储返回的倒置数。

```
int remainder = number % 10;
result = result * 10 + remainder;
number = number / 10;   //去掉个位数，得到十位数
public static boolean ispalindrome(int number)
```

如果 number 是回文数，该方法返回 true。

提示：使用 reverse 方法实现 ispalindrome。如果一个数字的反向倒置数和它的顺向数一样，这个数就称作回文数。

编写一个测试程序，提示用户输入一个整数值，然后报告这个整数是否是回文数。

(4) 创建一个名为 MyTriangle 的类，它包含如下两个方法：

```
public static boolean isValid(double side1,double side2,double side3)
```

如果三角形两边之和大于第三边，则该方法返回 true。

```
public static double area(double side1,double side2,double side3)
```

返回三角形的面积。

编写一个测试程序，读入三角形 3 条边的值，若输入有效，则计算面积；否则显示输入无效。

提示：计算三角形面积公式为 s = (side1 + side2 + side3) / 2;(周长的一半)

三角形面积公式为 Math.sqrt(s * (s - side1) * (s - side2) * (s - side3))

3. 实验指导

(1) 方法头指定方法的修饰符、返回值类型、方法名和参数。

(2) 方法可以返回一个值。返回值类型是方法要返回的值的数据类型。如果方法不返回值，则返回值类型就是关键字 void。

(3) 参数列表是指方法中参数的类型、次序、数量。

(4) 方法名和参数列表一起构成方法签名。参数是可选的，一个方法可以不包含参数。

(5) return 语句也可以用在 void 方法中，用来终止方法并返回到方法的调用者，在方法中用于偶尔改变正常流程控制是很有用的。

(6) 传递给方法的实际参数和方法签名的形式参数具有相同的数目、类型和顺序。

(7) 当程序调用一个方法时，程序控制就转移到被调用的方法。当执行到该方法的 return 语句或到达方法结束的右括号时，被调用的方法将程序控制还给调用者。

(8) 方法可以重载，两个方法可以拥有相同的方法名，只要它们的参数列表不同。

实验六 类与对象——类的定义和对象的创建访问

1. 实验目的

巩固以下知识点：

(1) 定义类和创建对象。

(2) 使用构造方法创建对象。

(3) 通过对象引用变量访问对象。

(4) 使用引用类型定义引用变量。

(5) 使用对象成员访问操作符访问对象的数据和方法。

(6) 区分对象引用变量和基本类型变量的不同。

(7) 区分实例变量与静态变量、实例方法与静态方法的不同。

(8) 定义 get 方法和 set 方法的私有数据域。

2. 实验内容

(1) 设计一个名为 Rectangle 的类表示矩形。这个类包括：

① 两个名为 width 和 height 的 double 型数据域，它们分别表示矩形的宽和高。width 和 height 的默认值都是 1。

② 创建默认矩形的无参构造方法。

③ 一个创建 width 和 height 为指定值的矩形的构造方法。

④ 一个名为 getArea() 的方法返回矩形的面积。

⑤ 一个名为 getPerimiter() 的方法返回周长。

编写一个测试程序，创建两个 Rectangle 对象：一个矩形宽为 4 而高为 40，另一个矩形宽为 3.5 而高为 35.9。依照每个矩形的宽、高、面积和周长的顺序显示。

(2) 账户类 Account。设计一个名为 Account 的类，它包括：

① 一个名为 id 的 int 类型私有账户数据域（默认值为 0）。

② 一个名为 balance 的 double 类型私有账户数据域（默认值为 0）。

③ 一个名为 annualInterestRate 的 double 类型私有数据域存储当前利率（默认值为 0）。假设所有的账户都有相同的利率。

④ 一个名为 dateCreated 的 Date 类型私有数据域存储账户的开户日期。

⑤ 一个能创建默认账户的无参构造方法。

⑥ 一个能创建带特定 id 和初始余额的账户的构造方法。

⑦ id,balance, annualInterestRate 的访问器和修改器，dateCreated 的访问器。

⑧ 一个名为 getMonthlyInterestRate() 的方法，返回月利率。

⑨ 一个名为 withdraw 的方法，从账户提取特定数额。

⑩ 一个名为 deposit 的方法，向账户存储特定数额。

编写一个测试程序，创建一个账户 id 为 1122、余额为 20 000 美元、年利率为 4.5% 的 Account 对象。使用 withdraw 方法取款 2500 美元，使用 diposit 方法存款 3000 美元，然后打印余额、月利息以及这个账户的开户日期。

(3) 设计一个名为 Fan 的类来表示一个风扇。这个类包括：

① 3 个名为 SLOW、MEDIUM、FAST 而值为 1、2、3 的常量，表示风扇的速度。

② 一个名为 speed 的 int 类型私有数据域，表示风扇的速度（默认值为 SLOW）。

③ 一个名为 on 的 boolean 类型私有数据域，表示风扇是否打开（默认值为 false）。

④ 一个名为 radius 的 double 类型私有数据域，表示风扇的半径（默认值为 5）。

⑤ 一个名为 color 的 String 类型数据域，表示风扇的颜色（默认值为 blue）。

⑥ 这 4 个数据域的访问器和修改器。

⑦ 一个创建默认风扇的无参构造方法。

⑧ 一个名为 toString()的方法，返回描述风扇的字符串。如果风扇是打开的，那么该方法在一个组合的字符串中返回风扇的速度、颜色和半径。如果风扇没有打开，该方法就返回一个由"fan is off"和风扇颜色及半径组合成的字符串。

编写一个测试程序，创建两个 Fan 对象。将第一个对象设置为最大速度、半径为 10、颜色为 yellow、状态为打开。将第二个对象设置为中等速度、半径为 5、颜色为 blue、状态为关闭。通过调用它们的 toString 方法显示这些对象。

3．实验指导

(1)类是对象的模板。它定义对象的属性，并提供创建对象的构造方法以及对对象进行操作的方法。

(2)类也是一种数据类型。可以用它声明对象引用变量。对象引用变量包含的是对该对象的引用。对象引用变量和对象是不同的。

(3)对象是类的实例。可以使用 new 操作符创建对象，使用点运算符(.)通过对象的引用变量来访问该对象的成员。

(4)实例变量或方法属于类的一个实例。它的使用和各自的实例相关联。静态变量是被同一个类的所有实例所共享。可以在不使用实例的情况下使用静态方法。

(5)类的每个实例都能访问这个类的静态变量和静态方法。然而最好使用"类名.变量"和"类名.方法"的形式来调用静态变量和静态方法。

(6)修饰符指定类、方法和数据是如何被访问的。公共的 public 类、方法或数据域可以被任何客户访问，私有的 private 方法或数据只能在类内被访问。

(7)可以使用 get 方法和 set 方法，使客户能看到或修改数据。

(8)所有传递方法的参数都是值传递的。对于基本数据类型的参数，传递的是实际值；而若参数是引用类型，则传递的是对象的引用。

实验七　继承和多态

1．实验目的

巩固以下知识点：

(1)判断类中出现的变量的作用域。

(2)关键字 this 指代调用对象自己。

(3)应用类的抽象来开发软件。

(4)通过继承由父类创建子类。

(5)使用关键字 super 调用父类的构造方法和方法。

(6)在子类中覆盖方法。

(7)理解多态和动态绑定。

2. 实验内容

(1) 设计一个名为 MyPoint 的类，表示一个带 x 坐标和 y 坐标的点。该类包括：

① 两个带 get 方法的数据域 x 和 y，分别表示它们的坐标。

② 一个创建点(0,0)的无参构造方法。

③ 一个创建特定坐标点的构造方法。

④ 两个数据域 x 和 y 各自的 get 方法。

⑤ 一个名为 distance 的方法，返回 MyPoint 类型的两个点之间的距离。

⑥ 一个名为 distance 的方法，返回指定 x 和 y 坐标的两个点之间的距离。

编写一个测试程序，创建两个点(0,0)和(10,30.5)，并显示它们之间的距离。

提示：两点间距离公式如下。

```
Math.sqrt((p1.x - p2.x) * (p1.x - p2.x) + (p1.y - p2.y) * (p1.y - p2.y))
public double distance(MyPoint secondPoint)
public static double distance(MyPoint p1, MyPoint p2)
```

(2) 定义 Circle2D 类，包括：

① 两个带有 get 方法的名为 x 和 y 的 double 型数据域，表明圆的中心点。

② 一个带 get 方法的数据域 radius。

③ 一个无参构造方法，该方法创建一个 (x,y) 值为 (0,0) 且 radius 为 1 的默认圆。

④ 一个构造方法，创建带指定的 x、y 和 radius 的圆。

⑤ 一个返回圆面积的方法 getArea()。

⑥ 一个返回圆周长的方法 getPerimeter()。

⑦ 如果给定的点 (x,y) 在圆内，那么方法 contains(double x, double y) 返回 true。

⑧ 如果给定的圆在这个圆内，那么方法 contains(Circle2D circle) 返回 true。

⑨ 如果给定的圆和这个圆重叠，那么方法 overlaps(Circle2D circle) 返回 true。

编写测试程序，创建一个 Circle2D 对象 c1(new　Circle2D(2, 2, 5.5))，显示它的面积和周长，还要显示 c1.contains(3, 3)、C1.contains(new circle2D (4, 5, 10.5)) 和 c1.overlaps(new Circle2D(3, 5, 2.3))。

提示：

```
public boolean contains(Circle2D circle) {
  return contains(circle.x - circle.radius, circle.y) &&
  contains(circle.x + circle.radius, circle.y) &&
  contains(circle.x, circle.y - circle.radius) &&
  contains(circle.x, circle.y + circle.radius);
  }
public boolean overlaps(Circle2D circle) {
  return distance(this.x, this.y, circle.x, circle.y)
  <= radius + circle.radius;
}
```

(3) 设计一个名为 Triangle 的类来扩展 GeometricObject 类。该类包括：

① 3 个名为 side1、side2 和 side3 的 double 数据域，表示三角形的 3 条边，它们的默认值为 1.0。

② 一个无参的构造方法，创建默认的三角形。

③ 一个能创建带指定 side1、side2 和 side3 的三角形的构造方法。

④ 所有 3 个数据域的访问器方法。

⑤ 一个名为 getArea() 的方法，返回这个三角形的面积。

⑥ 一个名为 getPerimeter() 的方法，返回这个三角形的周长。

⑦ 一个名为 toString() 的方法，返回这个三角形的字符串描述。

提示： toStirng() 方法的实现如下。

```
return "Triangle: side = " + side1 + " side2 = " + side2 + " side3 = " + side3;
```

实现 Triangle 类和 GeometricObject 类。编写一个测试程序，创建边长为 1、1.5 和 1，颜色为 yellow，filled 为 true 的 Triangle 对象，然后显示它的面积、周长、颜色，以及是否被填充。

3. 实验指导

(1) 可以从父类派生出子类。

(2) 构造方法用于构造类的实例。不同于属性和方法，子类不继承父类的构造方法，它们只能用关键字 super 从子类的构造方法调用。

(3) 构造方法可以调用重载的构造方法或其父类的构造方法。这种调用必须是构造方法的第一条语句。

实验八　异　常　类

1. 实验目的

巩固以下知识点：

(1) 了解 Java 异常处理机制及使用 try-catch 语句处理异常。

(2) 掌握怎样定义异常类及抛出异常。

2. 实验内容

(1) 修改 HelloWorld 类代码，对 ArrayIndexOutOfBoundsException 类型异常进行捕获和处理。

```java
public class HelloWorld{
        public static void main(String args[ ]){
        int i=0;
        String greetings[ ]={ "Hello World!","Hello!",
            "HELLO WORLD!!"};
        while ( i<4){
            System.out.println(greetings[i]);
            i++;
        }
    }
}
```

（2）自定义异常处理

① 要求声明定义两个 Exception 的异常子类：NoLowerLetter 类和 NoDigit 类。将以下代码补充完整。

```
class NoLowerLetter extends Exception   //类声明，声明一个 Exception 的子类
NoLowerLetter
{
   【代码 1】
   public void print() {
       System.out.printf("%c",'#');
   }
}
class NoDigit extends Exception   //类声明,声明一个 Exception 的子类 NoDigit
{
   【代码 2】
public void print() {
    System.out.printf("%c",'*');
   }
}
```

② 再声明定义一个 People 类，该类中的 void printLetter(char c)方法中如果 c 为小写字母时发生 NoLowerLetter 类型异常，并将该异常抛出，否则输出该字符；void printDigit(char c)方法中如果 c 是数字时发生 NoDigit 类型异常，并将该异常抛出，否则输出该字符。

完成 People 类的定义。

```
Class People {
        void printLetter(char c) {
        if(c-'0'<0&&c-'9'>9){
             System.out.println(c);
        }
   【代码 3】
}
void printDigit (char c) {
        if(c-'0'>=0&&c-'9'<=9){
             System.out.println(c);
        }
   【代码 4】
}
}
```

③ 补充完成以下代码：

```
public class ExceptionExample {
    public static void main (String args[ ]){
        People people=new People( );
        for(int i=0;i<128;i++) {
        //调用 people 对象的 printLetter 方法并处理异常
   【代码 3】
        people.printLetter(c);           }
```

```
            for(int i=0;i<128;i++) {
            //调用 people 对象的 printDigit 方法并处理异常
【代码 4】

            people.printDigit();
            }
        }
}
```

3. 实验指导

(1) Java 程序在运行时如果引发了一个可识别的错误, 就会产生一个与该错误相对应的异常类的对象, 这个过程称为抛出(Throw)异常。

(2) 当一个异常被抛出时, 应有专门的语句来接收这个被抛出的异常对象, 这个过程被称为捕获异常。捕获异常时还可以使用 finally 语句, finally 语句为异常处理提供一个出口。

实验九　输入输出和文件操作

1. 实验目的

巩固以下知识点:

(1) 使用 file 类获取文件的属性, 删除和重命名文件。

(2) 使用 Scanner 类从文件读取数据。

(3) 理解数据流的概念。

(4) 理解 Java 流的层次结构。

(5) 理解文件的概念。

2. 实验内容

(1) 写/读数据。编写一个程序, 如果名为 Exercise9_19.txt 的文件不存在, 则创建该文件。使用文本 I/O 编写随机产生 100 个整数的文件。文件中的数据由空格分隔。从文件中读回数据然后显示排好序的数据。

提示: 在 main 方法头抛出异常。

```
public static void main(String[] args) throws Exception{ }
```

(2) 编写一个程序, 将整型数据和字符串对象通过数据输出流写到文件中。将文件中的整型数据和字符串对象通过数据输出流读出, 并在屏幕上显示文件中的内容。

提示: 使用数据输出流 DataOutputStream 和数据输入流 DataInputStream 可以写入或读取任何 Java 类型的数据, 而不用关心它们的实际长度是多少字节。一般与文件输入流类 FileInputStream 和输出流 FileOutputStream 一起使用。

```
FileOutputStream fout = new FileOutputStream("***.txt",true);
DataOutputStream dout = new DataOutputStream(fout);
…
```

```
FileInputStream fin = new FileInputStream("***.txt");
DataInputStream din = new DataInputStream(fin);
```

(3)编写一个程序，保存对象信息到文件，并将文件中的对象信息显示出来。

提示：使用对象流可以直接写入或读取一个对象。由于一个类的对象包含多种信息，为了保证从对象流中能够读取到正确的对象，因此要求所有写入对象流的对象都必须是序列化的对象。一个类如果实现了 Serializable 接口，那么这个类的对象就是序列化的对象。Serializable 接口没有方法，实现该接口的类不需要实现额外的方法。

```
FileOutputStream fout = new FileOutputStream(fname);      //输出文件流
ObjectOutputStream out = new ObjectOutputStream(fout);    //输出对象流
…
FileInputStream fin = new FileInputStream(fname);         //输入文件流
ObjectInputStream in = new ObjectInputStream(fin);        //输入对象流
```

3. 实验指导

(1)File 类用来获取文件的属性和对文件进行操作。File 类不包括创建文件，以及从(向)文件读(写)数据的方法。

(2)DataInputStream 和 DataOutputStream 可以按基本类型和 String 类型读写数据。

(3)使用对象流 ObjectInputStream 和 ObjectOutputStream 可以按对象读写数据。

实验十　建立图形用户界面

1. 实验目的

巩固以下知识点：

(1)图形用户界面基本组件窗口、按钮、文本框、选择框、滚动条等的使用方法。

(2)使用布局管理器对组件进行管理。

(3)使用 Java 的事件处理机制。

2. 实验内容

(1)编写一个界面，界面中的效果如图 11-1 所示。

图 11-1　界面中的效果

提示：在面板中添加组件标签、按钮，并使用网格布局管理器排列组件在容器中的位置。

(2)设计如图 11-2 所示的界面，包括菜单、标签、单行文本框、按钮、单选按钮、组合框、下拉列表框和多行文本框等。

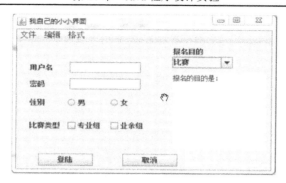

图 11-2　设计界面

（3）编写一个如图 11-3 所示的小软件，用来测试小学生的算术能力。当单击"获取题目"按钮时，随机出一道两位数的加法题，在文本框中输入答案后，单击"确认答案"按钮，将在右侧显示是否正确。

图 11-3　单击"确认答案"按钮

3．实验指导

（1）GUI 编程应合理地选择面板和布局管理器。

（2）创建菜单类时，有 3 个菜单子类：JMenuBar、JMenu 和 JMenuItem。注意它们三者之间的关系。

（3）针对对象编程，先构造主体，再添加监视器触发事件。

参 考 文 献

成奋华. 2009. Java 程序设计项目教程. 北京: 高等教育出版社.

耿祥义, 张跃平. 2013. Java 面向对象程序设计. 2 版. 北京: 清华大学出版社.

古凌岚, 张婵, 罗佳. 2011. 项目驱动 Java 程序设计. 北京: 清华大学出版社.

韩雪, 王维虎. 2012. Java 面向对象程序设计. 2 版. 北京: 人民邮电出版社.

李兴华. 2009. Java 开发实战经典. 北京: 清华大学出版社.

钱立, 郭琳. 2014. Java 程序设计——理实一体化教学课程. 成都: 西南交通大学出版社.

肖磊, 李钟尉. 2008. Java 实用教程. 北京: 人民邮电出版社.

杨树林, 胡洁萍. 2010. Java 语言最新实用案例教程. 2 版. 北京: 清华大学出版社.

雍俊海. 2014. Java 程序设计教程. 3 版. 北京: 清华大学出版社.

朱福喜. 2009. 面向对象与 Java 程序设计. 北京: 清华大学出版社.

邹蓉. 2014. Java 面向对象程序设计. 北京: 机械工业出版社.

Y. Daniel Liang. 2006. Java 语言程序设计基础篇. 8 版. 李娜, 译. 北京: 机械工业出版社.

Y. Daniel Liang. 2006. Java 语言程序设计进阶篇. 8 版. 李娜, 译. 北京: 机械工业出版社.